数字视频处理技术
及应用实践

文 竹 ◎ 著

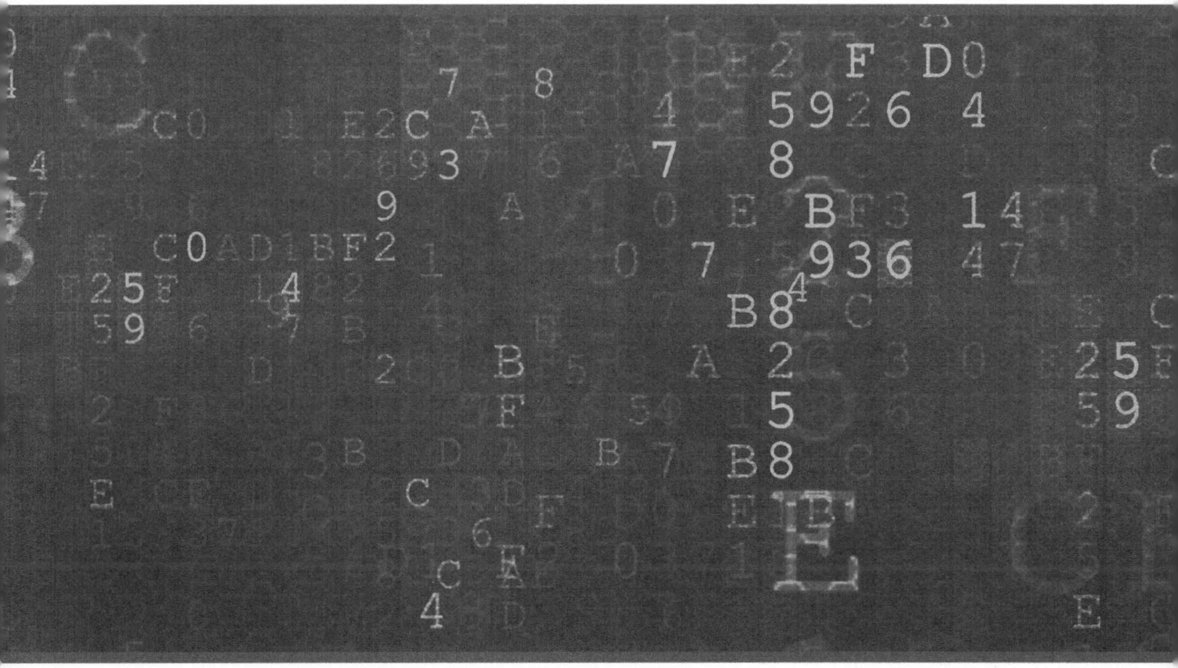

中国农业科学技术出版社

图书在版编目（CIP）数据

数字视频处理技术及应用实践 / 文竹著 . --北京：中国农业科学技术出版社，2025.5. --ISBN 978-7-5116-7323-7

Ⅰ . TN941.3

中国国家版本馆 CIP 数据核字第 2025T6Q077 号

责任编辑　张诗瑶
责任校对　李向荣
责任印制　姜义伟　王思文

出 版 者	中国农业科学技术出版社
	北京市中关村南大街 12 号　邮编：100081
电　　话	（010）82106623（编辑室）　（010）82106624（发行部）
	（010）82109709（读者服务部）
网　　址	https://castp.caas.cn
经 销 者	各地新华书店
印 刷 者	北京建宏印刷有限公司
开　　本	170 mm×240 mm　1/16
印　　张	11.5
字　　数	252 千字
版　　次	2025 年 5 月第 1 版　2025 年 5 月第 1 次印刷
定　　价	48.00 元

━━━◀ 版权所有・翻印必究 ▶━━━

前　言

人类获取信息的75%来自人的视觉，在计算机网络上传输的视频信息只能是数字化的视频。随着科学技术的进步和人机界面技术的引入，计算机变得越来越友好和人性化。视听娱乐的普及、互联网的兴盛和计算机游戏的火爆大大促进了数字视频技术的应用和发展。

数字视频处理是一门应用前景广阔的计算机应用技术，通过对素材的采集、剪辑、调色与校色、音频处理、添加视频效果、字幕设计、输出指定格式的视频文件等一整套视频编辑流程，创造出高质量的视频作品，满足日益复杂的视频制作需求。

本书是数字视频处理方向的专业书籍，主要介绍数字视频处理技术及应用实践。首先，从数字视频技术的基础介绍入手，针对数字视频编辑基础、数字视频图像处理基础以及数字视频对象加工流程及管理进行了分析研究，让读者对数字视频的处理技术有初步的了解；接着，对数字视频处理技术的应用进行探究，内容涉及三维建模和动画制作、数字视频处理技术在VR影像中的应用、数字视频处理技术在安防系统中的应用以及数字视频处理技术在农业中的应用等，探讨数字视频的应用价值，并就数字视频的应用提出一系列的建议。本书内容全面、新颖，紧密联系实际，具有很强的系统性、科学性与先进性，为数字视频处理技术的实际应用提供了重要参考价值，对相关领域从业者具有一定的借鉴意义。

在本书的撰写过程中，著者广泛参阅了国内外的教材和专著，借鉴了同行的其他教学和研究成果，从中学到了很多的知识，限于篇幅，不能全部列出，仅在本书末列出部分参考文献，在此向同行深表感谢。由于著者水平有限，加之时间仓促，书中难免有疏漏和不足之处，敬请广大读者批评指正！

著　者
2025年1月

目　　录

第一章　数字视频处理技术 …………………………………………… 1
第一节　数字视频与视频的数字化 …………………………………… 1
第二节　数字摄像机 …………………………………………………… 5
第三节　非线性编辑原理 ……………………………………………… 10

第二章　数字视频编辑基础 …………………………………………… 21
第一节　蒙太奇原理 …………………………………………………… 21
第二节　镜头组接规律 ………………………………………………… 32
第三节　拉片分析 ……………………………………………………… 41

第三章　数字视频图像处理基础 ……………………………………… 46
第一节　数字图像 ……………………………………………………… 46
第二节　视频图像基础知识 …………………………………………… 65
第三节　视频监控系统 ………………………………………………… 86

第四章　数字视频对象加工流程及管理 ……………………………… 96
第一节　前期准备 ……………………………………………………… 96
第二节　数字化加工处理 ……………………………………………… 99
第三节　数字视频对象的管理 ………………………………………… 106

第五章　数字视频处理技术的多维应用 ……………………………… 112
第一节　三维建模和动画制作 ………………………………………… 112
第二节　数字视频技术在 VR 影像中的应用 ………………………… 123

第六章　数字视频处理技术在安防系统中的应用 ……………… 129
　第一节　智能安防 …………………………………………………… 129
　第二节　数字视频技术在监控安防中的应用 ……………………… 134

第七章　数字视频处理技术在农业中的应用 …………………… 149
　第一节　视频技术与农业技术 ……………………………………… 149
　第二节　视频技术赋能农业推广 …………………………………… 159
　第三节　视频技术在农业中的应用 ………………………………… 169

参考文献 ………………………………………………………………… 176

第一章

数字视频处理技术

第一节 数字视频与视频的数字化

一、数字视频

在日常表达中,视频一词的涵盖范围很广,包括当今所有的电子动态图像,比如常说的电视节目、纪录片、电影、手机视频、网络视频等。从专业角度讲,视频,也就是 Video,是利用人的视觉暂留原理,将一系列静态影像连续播放而成的视觉效果。严格来讲,视频是每秒连续播放 24 帧以上的连续画面,包括这些画面的静态影像以电信号方式加以捕捉、记录、处理、储存、传送与重现的各种技术。虽然电影本义是利用照相术捕捉动态影像,但是随着数字技术的普及,视频技术的概念也泛化了,而且视频和音频也是不可分割的,通常讲视频制作的时候,音频也包含其中。

现在已经是数字视频的时代,几乎所有的视频制作都是通过数字化设备完成的,也就是说,数字视频几乎等同于高清视频。得益于数字化技术,视频制作变得更高效,质量也变得更高。

数字视频的发展实际上与计算机所能处理的信息类型密切相关,早期的计算机只能处理数值,后来能够处理文字、符号等,再后来就能处理图形、图像等,现在无疑已经是多媒体计算机时代了,各种计算机外设产品日益齐备,数字影像设备争奇斗艳,音频、视频处理硬件与软件技术高度发达,这些都对数字视频的流行起到了推动作用。

"数字"通常代表着用来表示"开/关"状态的二进制系统,把音频和视频信号用 0、1 来表示,就是数字信号,它是相对于模拟信号来说的。

模拟信号是对原始刺激做出的电子记录,比如某人对着麦克风唱歌的过程可以通过技术化的语言表达,那就是完全模仿原始刺激的波动,而且这些波动的幅度和相位都是随时间连续变化的信号,也就是说,模拟信号不会故意忽略信号的某些部分。模拟的视频信号必须经过特定的视频捕捉将其转换成数字模式,并加以压缩后才可以转换到计算机上运用。

数字视频信号,即视频、音频信号的幅度和相位都是离散的数据,不需要转换就可以被计算机直接处理。数字化的过程就是在模拟信号上等间隔地进行采样,这些样本随后经过数字化转换,也就是被赋予具体的数值,并被编码成二进制中的 1 和 0。

二、视频数字化

数字化通常包括采样、量化、压缩三个环节。其中,采样和压缩技术对视频信号的质量有重要影响。采样率的高低代表着选取样本的间隔是小还是大,高采样率表示间隔很小,这样会带来更好的信号。压缩分为无损压缩和有损压缩两种。无损压缩的好处就是可以完全保持原始视频或者音频信号包含的所有信息,缺点在于压缩后的数据很大,对于那些喜欢以流媒体方式不间断地听音乐,或者流畅地观看视频节目的人来说,这种压缩方式就太笨拙了,因为需要很长的等待时间。有损压缩就正好相反,文件会变小,传输时间也会变短,但画质和音质会有所下降。

理论上讲,视频信号质量与它的容量和速度好像鱼和熊掌,不可兼得,但是在实际技术应用中,人们总是努力寻找其中的平衡。视频压缩和解压缩的格式,也就是编码方式,有很多种,它们可以用来满足不同的压缩目的,有些有损压缩也能提供高清视频,其画面的色度和对比度看起来依然很好。比如,人们比较熟悉的 MPEG 格式,它在压缩时忽略的是那些在视频系列影像中没有变化的图像细节。

视频数字化的过程比较抽象,可以打个比方:将原始的视频信号比作一根水管,弯弯曲曲的,很像模拟信号的波形图,要把这根水管用卡车运到别的地方去,运输的要求是不能破坏水管原来弯曲的形状,这个过程就好比信号的存储和传输。一种方法是整体装箱,在运输的过程中需要极其小心,因为磕磕碰碰会使水管原来的形状遭到破坏,这样不仅需要极大的卡车,而且难度很大,就相当于模拟信号的传输。其实,更好的做法是把水管切分成小段,每段编上号码,再进行运输,到达目的地后再根据编码组装。那么,最优化的切分和编码方法是什么呢?应该是将同样曲度的水管进行编码,舍弃一些同样编码的水管,这样运输就会变得很简单,后期只要根据编码再复制出那些缺失的水管就可以,而且因为编码的数值是非常精确的,所以可以保证水管的曲度不会改变，这就相当于视频信号的采样和编码过程。

数字信号比模拟信号更便于处理和传输，可以长期保存、多次复制，抗干扰和噪声能力强，尤其是在远距离传输中，不会产生模拟电路中不可避免的信噪比劣化、失真度劣化等损害。因此，数字化的优势是很明显的。

三、数字视频格式

（一）视频格式相关概念

视频数字化的过程主要是采样、量化和压缩，这个过程的千差万别就产生了不同的视频格式，数字视频制作过程中离不开对视频格式的处理。不同设备拍摄的视频有不同的格式，视频编辑完成后，根据不同的需要也可以选择不同的格式进行输出。视频格式是一个比较复杂的系统，首先需要了解以下几个关键概念。

1. 封装格式

封装格式就是将已经编码压缩好的视频和音频放到一个文件中，这个文件的后缀就是封装格式，实际上，常用封装格式来代表视频格式。比如，常见的视频封装格式 AVI，是微软在 20 世纪 90 年代初创立的封装标准；FLV 是针对 H.263 编码的格式；MKV 是一个万能封装器，有良好的兼容性和跨平台性；MOV 是 Quicktime 的封装格式；另外就是人们非常熟悉的 MP4，主要应用于 MPEG-4 和 H.264 编码的封装；还有 RM、RMVB、WMV 等格式。封装格式本身是不影响视频画质的，它像一个容器，只负责把内部的视频轨和音频轨集成在一起，只起到一个文件夹或者压缩包的作用。

2. 编码方式

编码方式就是视频在压缩或者解压过程中采用的一种算法，它直接关系视频的质量。比如 MPEG-1/2/3/4 以及我们最常用的 H.264，就是一种编码方式。其实，视频封装格式和编码方式就好比酒瓶和酒的关系、饺子皮和饺子馅儿的关系，真正决定品质的是酒和饺子馅儿。比如，H.264 就是一种编码方式，它的数据压缩率比 MPEG-4 编码还要高 1.5~2 倍，这种编码方式指定使用的标准封装格式也是 MP4。

3. 码率

视频码率就是数据传输时单位时间传送的数据位数，常用的单位是"kbit/秒"。通俗一点的理解就是取样率，单位时间内取样率越大，精度就越高，处理的文件就越接近原始文件，但是文件体积与码率是成正比的，同时，高码率的视频在网上观看更容易卡顿，也就是缓冲。所以，码率的高低不是绝对的，几乎所有编码格式重视的都是如何用最低的码率达到最少的失真。

4. 分辨率

分辨率是用于度量图像内数据量多少的一个参数，人们习惯上说的分辨率指图像水平方向和垂直方向的像素值，严格意义上的分辨率指单位长度内的有效像素值（ppi），即每英寸（1英寸≈2.54厘米）所拥有的像素数量。图像水平方向和垂直方向的像素值的确和尺寸没有关系，但单位长度内的有效像素值就和尺寸有关了。在图像水平方向和垂直方向的像素值一定的情况下，图像窗口越大，画面越模糊。因为图像尺寸增大，有效像素值（ppi）就减少了，也就是图像在放大时有效像素间的距离拉大了，所以画面就变得没有原来清晰了。

常见的分辨率有标清的 720×576[①]，画幅比例为 4∶3，高清的 1 920×1 280，画幅比例为 16∶9。4K、6K、8K 分辨率已经成为未来视频分辨率的发展趋势，目前，4K 分辨率可以达到 4 096×2 160 的超精细画面。

在数字技术领域，通常采用二进制运算，而且用构成图像的像素来描述数字图像的大小。由于构成数字图像的像素数量巨大，通常以"K"（"千"）来表示。$2^{10}=1\,024$，因此，1K 就是 $2^{10}=1\,024$，2K 就是 $2^{11}=2\,048$，4K 就是 $2^{12}=4\,096$，以此类推。在数字电影应用中，通常 2K 图像是由 2 048×1 152 个像素构成的，是 221 万像素的画面；在 4K 影院里，能看到 885 万像素的高清晰度画面。常见的高清电视分辨率是 1 920×1 080，像素约为 207 万。

5. 帧率

人眼在观看多张快速显示的静止图像时会出现拖影，并自动连结为活动影像，这种现象叫作视觉暂留，这也是人们能够看见视频的原因。视频中每张静止图像被称为一帧，帧率就是这一系列单图在屏幕上显示的速度，也可以简单地理解为每秒显示多少张图像。当帧率达到 12 帧/秒以上时，人眼在观看时就已经非常流畅了。帧率对视频的影响取决于播放时使用的帧率。简单来说，如果想要模拟电影效果，就选帧率 24 帧/秒；如果是在国内广播电视平台播出，则选择帧率 25 帧/秒，网络视频的帧率一般为 30 帧/秒。

6. 扫描方式

扫描方式关系到视频显示器成像的原理，这里不做详细介绍。在用单反相机、摄像机拍摄时，或者用编辑软件剪辑时，会看到一些关于视频格式的选

[①] 常见的分辨率为图像水平方向像素值×垂直方向像素值。为便于阅读，本书中分辨率的表述形式与日常使用形式一致，只保留数值，省略数值后像素单位。

项，常见的几种选项有高清720P，也就是1 280×720的分辨率，且是逐行扫描；全高清1080i和1080P，也就是1 920×1 080的分辨率，其中"P"是逐行扫描、"i"是隔行扫描。一般来说，逐行扫描质量比隔行扫描质量好，因为隔行扫描相当于把一帧画面分为两个扫描场，第一次只扫描奇数行，完成后再从头开始扫描偶数行，不是逐行扫描的。

7. 视频制式

视频制式来源于电视系统，与各地区的交流电频率有关，一般有PAL和NTSC两种制式可选。PAL制式是欧洲等国家的视频标准，他们将25帧/秒作为广播电视标准帧。我国的广播电视标准也是PAL制式。NTSC制式是美国、日本等国家的视频标准，黑白电视信号将30帧/秒作为广电标准帧，但是由于彩色电视信号颜色失真等问题，帧率微调至29.97帧/秒，数字电视和数字视频也是沿用这个标准，也就是非线性编辑软件中的帧率标准。在制作视频时，真正需要在意的不是这些标准，而是需要保持视频制作中帧率的一致性，否则会影响播放的流畅度。

(二) 视频格式的转换和生成

视频格式是可以进行转换的，一些专业的格式转换软件可以完成这一工作，一般视频播放软件也具备格式转换功能。比如，有一个视频文件的格式是MOV，这种格式有些非线性编辑软件不能直接读取，可以安装Quicktime播放器，也可以将视频转换成可支持的格式。打开格式转换软件，在视频格式里面选择要转换成的MP4格式，这时，为了使视频质量在转换的过程中不会降低，需要对输出配置进行一些设置，如分辨率、帧率、画幅比例等。

导入非线性编辑系统的视频通过查看属性就可以了解该视频的封装格式；视频编辑完成后，导出时需要对视频格式进行选择。

第二节 数字摄像机

一、摄像机的分类

数字视频生产的第一步就是用摄像机之类的视频捕捉设备，将外界影像的颜色和亮度信息转变为电信号，再记录到储存介质，如磁带、光盘、磁卡中。下面介绍摄像机和其他一些摄像设备。

按照不同的分类标准，可以将摄像机分为很多类型。按照感光元件的不同，可以将摄像机分为摄像管摄像机和 CCD 或 CMOS 摄像机，CCD 和 CMOS 都是感光元件，它们各有利弊，一般的摄像机都是采用 CCD 感光元件，很多手机摄像头采用的是 CMOS 感光元件。感光元件的尺寸、数量和材质对摄像的画面质量有很大影响。按照使用渠道不同，可以将摄像机分为家用摄像机、专业级摄像机和广播级摄像机。按照清晰度的不同，可以将摄像机分为标清摄像机、高清摄像机、超高清摄像机等。按照使用方式的不同，可以将摄像机分为肩扛摄像机、手持便携式摄像机、电子新闻采集或者电子现场拍摄摄像机、演播室摄像机等。按照信号处理方式的不同，摄像机可以分为模拟摄像机和数字摄像机。此外，更经济适用的单反相机和手机也成为个人、专业组织甚至广播电视系统广泛采用的摄像设备。

二、数字摄像设备

从性价比和普及性来看，现在常用的数字摄像设备包括便携式数字摄像机、单反相机和手机。

（一）便携式数字摄像机

便携式数字摄像机比较轻便，既可以肩扛，也可以手持，现在的高清便携式摄像机一般配有 3CCD 成像装置，可以得到更精准的色彩还原和更清晰的画面，这类摄像机录制的画幅比例为 16∶9，可以拍摄高清视频，同时，这类摄像机通常还有高速录像系统，并有高容量闪存的存储磁卡。但是，大多数小型便携式摄像机的镜头都是内置且不可更换的变焦镜头，镜头元件的好坏和变焦范围的大小很大程度上决定了摄像机的性能。

事实上，没有必要为了手中的设备而纠结，因为拍摄好视频的基础更多地在于选择拍摄什么、如何将它们拍下来，不论是纪录片还是微电影，甚至是影视广告，很多设备都基本能满足画质要求，毕竟决定影片质量的是拍摄者的创意和美学风格，而不是高端的设备。因此，接下来介绍使用起来更为方便的单反相机和手机。

（二）单反相机

单反相机就是单镜头反光相机，它设计精密，功能齐全，自动化程度高，并且操作简便，便于携带，受到专业摄影工作者和摄影爱好者的广泛喜爱，也是许多专业机构与个人制作视频作品的主要摄像设备之一。

使用过单反相机的人都认为它最大的优点是拍摄的作品画质好，而且可以变化多种风格。在关系数码相机摄影质量的感光元件的面积上，前面介绍过 CCD 或 CMOS，单反数码相机感光元件的面积远远大于普通数码相机，这使单反数码相机的每个像素点的感光面积也远远大于普通数码相机，因此，每个像素点也就能表现出更加细致的亮度和色彩范围，画质自然就提高了。单反数码相机还有一个很大的优点，就是可以变换不同规格的镜头，另外，单反相机的快门响应速度更快，这样更有利于动态抓拍和高速连拍。

不过，单反相机也有一些缺点，比如，反光镜弹起来的一瞬间还会出现机械振动和噪声，快门启动的时间比较长，取景屏较小容易造成聚焦失误，特别是在光线较暗的情况下，有时候噪点难以避免。单反相机拍摄视频也很方便，拍摄的作品画质好，但是缺陷也很明显，拍摄时变焦、对焦都不如专业高清摄像机那么方便，因为单反相机没有变焦滑杆，只能依靠手动转动变焦环来变焦，很难匀速地变焦，所以单反相机尽量不要拍摄推拉镜头。另外，长时间拍摄视频对单反相机的损耗也比较大。这就需要使用者使用时尽量对其扬长避短。

（三）手机

视频拍摄设备的"性价比之王"应该是手机。近年来，手机摄影发展迅速。手机不仅便携性高，还可以即刻编辑、随时分享。更重要的是，手机的成像质量近年来得到了飞速提升，除高像素外，手机摄像头拍摄静态图像和短片切换方便，镜头可旋转，还有自动白平衡、内置闪光灯等功能。很多手机在视频拍摄模式下可以自动聚焦，要拍摄背景虚化的画面也可以轻松搞定，还可以选择闪光灯、大光圈，以及不同的颜色模式：标准、鲜艳、柔和。另外，它还设置了一些风格模式，比如延时摄影；滤镜中还设有多种不同风格，比如"硬像"滤镜的画面足以体现"硬像"滤镜的实力，尤其是古建筑在用"硬像"滤镜拍摄后，建筑的历史厚重感被加强、沧桑感变得更充实，人们不仅可以体会到其背后的故事，还能感受到其浓浓的艺术韵味。现在人们越来越习惯在手机上观看视频，手机用于拍摄、制作、传播短视频方便快捷。

三、摄像机的基本构造和功能

无论是复杂的数字摄像机、单反相机，还是手机，其摄像系统的基本结构和工作原理都是相似的。下面介绍摄像机的器件构成及其工作原理。

摄像机是由光学系统、光-电转换系统、图像信号处理系统及一些附件辅助系统构成。而且，所有的摄像机都以相同的原理工作，并实现同样的功能，也就是完成光的分解和光-电转换。具体来说，首先，利用三基色原理把彩色景物的光像分解为红、绿、蓝三种基色光像，再由 CCD 等感光元件将不同光谱成分和明暗程度的光信号转换成电信号；其次，通过各种电路进行信号的加工和处理；最后，形成视频信号输出或记录在磁带、磁卡上。

（一）摄像机的光学系统

在摄像机的光学系统里，最重要的就是镜头和分色棱镜。

1. 镜头

摄像机的镜头一般是由若干组透镜组成的，其主要功能是将被摄体反射过来的光汇聚在成像元件上。一般在专业摄像机镜头前安装有遮光罩，一是防止杂光射在镜头表面形成光晕，影响画面质量；二是有助于在搬运摄像机时保护镜头。镜头可分为定焦距镜头和变焦镜头。定焦距镜头的焦距是固定的，又可分为标准镜头、长焦距镜头和短焦距镜头。长焦距镜头也就是望远镜头，短焦距镜头也就是广角镜头。变焦镜头则是把这两类镜头组合在一起，并且可以根据需要在不同的焦距区域之间连续变化，变焦镜头的最长焦距与最短焦距之比就是变焦倍数。

（1）镜头焦距。镜头的一个基本特性是焦距，焦距是物理学上的一个专业术语，指从镜头光学中心到镜头影像聚焦的距离。它可以决定影像放大倍数和镜头所摄水平视角的大小。焦距越短，水平视角就越开阔，影像也就越小。标准镜头拍出的景物大小、比例、距离感与人眼直接看到的景物最接近。短焦距镜头拍出的景物比标准镜头小而远，但可视范围广、视角大。长焦距镜头可以把远处的景物拉近、放大，但视角小。对变焦镜头而言，镜头可在其最大的视角到其最小的视角范围内连续变化，视角随着焦距变化而反向变化，即随着焦距的增大而变小，随着焦距的减小而变大；被摄物体的成像却随着焦距的变化而正向变化，即随着焦距的增大而变大，随着焦距的减小而变小。变焦镜头可以从任一种焦距开始，以任意速度连续改变镜头焦距，从而可以连续改变成像和视域大小，连续变化的推拉镜头就是通过焦距连续变大和变小来实现的。

由于被摄对象与镜头之间的距离随时都在改变，因此，必须随时调节镜头焦距，以确保准确成像。变焦镜头最前面的一组镜片就是聚焦用的，旋转其外环就可以进行焦距调整，而且可以看到对应的焦距长度。对变焦镜头最基本的要求是变焦时图像的亮度和清晰度不变。所有镜头均有一个最小的拍摄距离，也就是被摄对象和镜头之间可以允许的最短距离，在此距离以上才能获得对焦清晰的图像。

镜头上除变焦环外，还有一个转环是聚焦环，聚焦分为自动聚焦和手动聚焦两种模式，摄像机上有 AF（自动聚焦）和 MF（手动聚焦）两个控制键进行选择。自动聚焦模式下不要转动聚焦环；手动聚焦模式下可以转动聚焦环来聚焦，使图像清晰。可以通过操作聚焦环来拍摄模糊渐变画面，城市的夜晚，霓虹闪烁，车灯、路灯、广告灯等由模糊变清晰，一幢大楼、一条马路、一座城市逐渐展现在人们面前，这样的镜头常用来作为开场镜头使用，吸引观看者的兴趣。

（2）光圈。镜头还有一个重要器件就是光圈，光圈决定着镜头的进光量。当外面光线过强时，应适当缩小光圈；当光线太弱时，应适当增大光圈。其目的是让通过镜头的光线强度保持稳定，从而使得到的图像不致过亮或过暗，保持适当的层次。光圈有一组可调整的光阑，通过它们的扩大或缩小便可以控制曝光量。光圈孔径的大小以光圈系数来界定，在光圈环上有代表光圈系数的数字（1.4、2、2.8、4、5.6、8、11、16、22）。这些看似互不相干的系数其实是有规律可循的，后一个系数是前一个系数与$\sqrt{2}$的乘积。每个光圈系数都代表左边相邻光圈系数的光量的一半，代表右边相邻光圈系数光量的两倍。具体来说，光圈系数为 8 时的进光量是光圈系数为 5.6 时的一半，是光圈系数为 11 时的两倍。由此来看，光圈系数和光圈孔径成反比，也就是说，光圈系数越大，实际上光圈孔径越小，进光量越少。

（3）滤镜。摄像机通常安装有 ND 镜，又叫"中灰密度镜"，一般位于机身左侧靠近镜头的位置，它的作用是减弱光线，避免过曝。而且，它可以均匀地减少镜头进光量而不改变景物原本颜色和反差。ND 镜有多种密度可供选择，比如，有的摄像机的 ND 镜有 1、2、3 和 OFF 挡，在室内拍摄时，一般要把 ND 镜调到 OFF 位置，在室内开 ND 镜会造成画面噪点变多，画质下降；在室外拍摄时，一般要按照液晶屏的提示打开 ND 镜，例如，如果需要在阳光强烈的室外拍摄，又或者需要在正常光线条件下用较长的曝光时间，以慢速快门拍摄瀑布以表现出虚化的水流等特殊效果，都需要 ND 镜。总之，ND 镜的正确使用是摄像机达到最佳画质的条件之一。

数码相机的镜头一般都是可以更换的，有些相机还可以安装一些具有特殊功能的滤镜，比如 UV 镜、偏振镜、星光镜等，大部分滤镜装在镜头前端，上面有螺纹，拧上去就行；也有一些滤镜装在镜头后面，需要把镜头取下来才能安装；另外，还有一些镜头是不能装滤镜的，比如一般鱼眼镜头前镜片甚至突出镜筒，不能安装滤镜。

2. 分色棱镜

分色棱镜也就是红绿蓝分光装置，从摄像机的外观上是看不见分色棱镜的，这一装置与三基色原理有关。在棱镜实验中，白光通过棱镜折射成红、橙、黄、绿、青、蓝、紫七种单色光，就是可见光谱。其中，人眼对红、绿、蓝三种光最为敏感，人眼就像一个三色接受体系，大多数光可以通过红、绿、蓝按不同的比例混合而成。同样，绝大多数单色光也可以分解成红、绿、蓝三种色光。这一根据人眼彩色视觉特性总结出的重现彩色感觉和混合色彩的规律就是三基色原理。自然界景物的影像都可以用不同强度和不同比例的红、绿、蓝三个基色表现，这样便于电子电路进行处理和节省传送宽带。摄像机的分色装置就是完成这个功能。它把镜头传来的光束分解为红、绿、蓝三个基色光束，并分别投向各自的摄像器件的成像面上。分色装置多采用分色棱镜，由三块棱镜黏合而成，由于不同棱镜表面的分色膜有不同的厚度和折射率，它可以反射一些波长的光，而透过一些波长的光，从而起到分色作用。

（二）光-电转换系统

下面简单介绍摄像机的光-电转换系统，也就是前面讲过的摄像管或者CCD等感光元件，这套系统是摄像机机身的核心部件。拿CCD来说，它的全称是电荷耦合器件，外界景物通过镜头所成的像恰好落在摄像器件的感光面上，感光面上排列着许多感光小单元，就是像素，每个像素都可以把感知到的光线变成电信号。单位面积的像素越多，分辨图像的能力越强，图像的清晰度也就越高，摄像器件的各个像素将产生与被摄物体相对应的图像电信号，其中包含亮度、对比度和色度等各种信息。图像亮度指整个图像的明暗程度；图像对比度指图像中亮暗部分的对比程度，还有黑白反差度；图像色度包括色调和饱和度，其中，色调表示图像的颜色，饱和度表示颜色的浓淡深浅。光-电转换系统很重要，但是拍摄者在使用摄像机时是不用操作它的，只需在选购摄像机的时候要注意相关的性能。

（三）附件

摄像机还包括一些其他的附件，如寻像器、液晶显示器、三脚架、话筒、充电器和电池、磁卡、读卡器、铝箱或摄影包等。

第三节 非线性编辑原理

一、编辑原理

（一）线性编辑

通常所说的非线性编辑是相对于线性编辑来说的，其实它们的关系就相当于数字编辑和模拟编辑的关系。

线性编辑最基本的原则是从录像源带上把选取的镜头按编排好的顺序复制

到编辑件带上。这里的源带就是素材带，编辑母带是相对后面的拷贝版本来说。之所以称为"线性"编辑，是因为不能随意访问素材源，比如，如果想在镜头 1 后面编辑镜头 5，那么就必须滚动中间的 4 个镜头，因为它们是按照时间顺序排列在录像带上的，不能随意调用镜头 1 或者镜头 5，就像摄像机一样。如果是磁带摄像机，在检查素材时，必须倒带，但是，如果是磁卡记录，则可以在摄像机的液晶显示屏上看到一个镜头就是一个独立的视频文件，可以随意查看。数字化时代，线性编辑基本已经被淘汰了，但是有些编辑原理或模式其实还在非线性编辑中使用。比如视频的时码系统，这一系统就是为每帧画面提供一个独一无二的地址，有了这个地址码，就可以准确地定位每帧画面，通常都是"时:分:秒:帧"这种表达方式，这就是应用最广泛的 SMPTE 时码，非线性编辑系统中也是这种时码系统。比如，有一段视频，某处的时间码是 00:05:16:20 就表示是第 0 时 5 分 16 秒 20 帧的画面。当需要精确定位编辑点时，就需要标记这些时间码。

另外就是编辑模式，在线性编辑中，总是会在组合编辑和插入编辑这两种模式中做出一个选择；在非线性编辑中，会用到覆盖编辑和插入编辑这两种模式。在线性编辑中，插入编辑和组合编辑的最大区别是编辑母带是否需要控制轨道，也就是已经录制图像信息，哪怕是"黑场"，插入编辑由于已经有控制轨道，因此编辑会更流畅，而且还可以将视频和音频分开编辑，而组合编辑虽然用空白带就可以了，但是两个镜头连接的地方容易有断裂，也不能独立编辑视频和音频，比如新闻和专题片，由于有解说词，最好先编辑音频，然后配上与音频相匹配的图像，这样更容易保证声画对位，因此，选择插入编辑比较好。当然，在非线性编辑系统里，这些问题都会迎刃而解。

（二）非线性编辑

非线性编辑是将图像、声音信号以数字化的形式存储在计算机磁盘上，再进行编辑，它是借助计算机来进行数字化制作，几乎所有的工作都用计算机完成，不再需要那么多外部设备，对素材的调用也是瞬间实现，不用反反复复在磁带上寻找，突破了单一的时间顺序编辑限制，可以按各种顺序排列，具有快捷简便、随机的特性。而且，非线性编辑只要上传一次素材就可以多次反复编辑，视频和音频信号的质量始终不会变低，所以节省了物力、人力，提高了效率。

非线性编辑系统中也有两种编辑模式：覆盖编辑和插入编辑。比如，在 Premiere 非线性编辑软件的素材浏览器窗口的右下角，会看到覆盖编辑和插入编辑两种编辑模式。首先，非线性编辑虽然是基于数字视频编码和解码原则，但是在编辑的时候，关键操作还是在时间线轨道上完成的，也就是这些按照时间顺序延伸的视频轨、音频轨等。当时间线轨道上没有视音频素材时，选择覆盖编辑或者插入编辑，看到的结果都是一样的，这时素材都会被放置到时间线指针所在的位置；但是，如果时间线轨道上已经有多段素材存在，当选好素材以后，选择【插入】按钮，在时间线窗口中，当前时间线指针所在位置就插入了选好的素材，同时，原来指针后面的素材就自动往后排列；如果选择【覆盖】按钮，在时间线窗口中，当前时间线指针位置的地方就插入选好的素材，但后面的素材不会往后排列，新加入的素材将覆盖原来的素材。

这里有两种情况常常会碰到，当编辑节目时，如果粗剪好的一段视频中间需要添加一个镜头，那就需要选择插入编辑；如果是替换原有的镜头，那就需要选择覆盖编辑，而且这时还要注意时间选择的长度是否一致或适当。比如，在一些纪实节目中，常有采访的镜头，如果时间比较长，画面就会显得单调，这时需要加入一些与采访内容相对应的空镜头，将时间线指针放在需要覆盖的起点位置，选好新素材的入点和出点，点击【覆盖】，原来同长度的画面就被替换了，但是音频也同时被替换了，因此需要先进行声画分离。

非线性编辑软件中声音、画面分开编辑也是非常方便的，Premiere软件的时间线轨道分为视频轨（V轨），还有音频轨（A轨），有的非线性编辑软件中还有视音频轨（VA轨）、字幕轨（T轨）。声音和画面原来是组合在一起的，但只要在时间线轨道的素材上单击鼠标右键，选择【取消链接】，就可以把声音和图像分开。在上面的剪辑中，可以先将一段采访的声画分离，将分离出来的音频先放置在其他不被用到的地方，然后覆盖新的素材，并将其声画分离，再将这段不需要的音频删除，将原来的采访同期声音频重新拖入与它匹配就可以了。当然，非线性编辑软件中时间上的操作是变化多端的，由于轨道是可以添加的，也可以添加多条视频轨、音频轨，然后将素材放在不同的轨道上。

二、非线性编辑流程

（一）制作一个视频作品的基本流程

1. 管理好素材

在一个视频作品开始制作之前，还需要整理素材和确定编辑思路，这些跟前期的分镜头写作和拍摄有关，也跟这个作品的复杂程度有关。还有一个问题非常重要，但是很多人往往容易忽视，那就是管理好每次编辑的素材和文件，因为总有些人在编辑的中途会出现到处找文件的情况，最严重的后果是前功尽弃，其实，只要养成良好的习惯，就不会造成后面的麻烦，所以需要为每个文件做好命名和安置路径。

如果制作作品的素材比较少，而且各个镜头之间也没有很强的逻辑联系，只需要简单地标注素材文件，比如"落叶-特写"，这样就能很清楚地知道这个镜头的内容、景别，这对后期编辑来说是比较重要的信息。比如，在电脑的磁盘里建一个文件夹，命名为"秋日风景"，也就是这个作品的名称，然后再建一个子文件夹，命名为"秋日风景素材"，将刚标注好的素材文件放进去。

2. 六个步骤

非线性编辑可以分为素材导入、编辑制作和成品输出三个阶段。在实验室里看到的非线性编辑系统就是一台计算机，所有的素材文件都可以通过数据线将相机与计算机直接连接，或者取出摄像机中的存储卡，放入读卡器中与计算机连接。计算机中安装有非线性编辑软件，如 Premiere 或者 Edius 等。以 Premiere 为例，其具体的使用流程主要分成 6 个步骤，除素材导入和成品输出外，编辑制作可以细分为画面编辑、声音编辑、字幕制作、特效制作四个环节。

（二）演练流程

打开非线性编辑软件，比如 Premiere。软件打开后，首先会弹出一个"开始"对话框，如果是一个全新的作品，选择【新建项目】，非线性编辑软件里面的作品一般称为项目或者工程，也就是 Project。选择之后又会弹出"新建项目"对话框，这里需要对项目的名称和存储路径进行设定。视频显示后，选择时间码，这样编辑视频时会清楚地显示每帧视频的标准时间码。选择完成后，点击【确定】，就正式进入 Premiere 的编辑界面，真正的编辑流程就开始了。

1. 导入素材

将素材导入 Premiere 中比较简单。点开文件菜单，点击【导入】，或者直接在项目窗口中右键点击【导入】，按照之前的路径找到素材，就看到所有的素材都在项目源窗口中了。这里有两个问题要提醒一下，第一，素材的类型是多样化的，除视频外，可以导入图片和音频，还可以导入 Adobe 系列其他软件创建的项目文件；第二，导入的视频和音频文件只是快捷方式，在作品没有完成之前，最好不要随意改变素材的原始路径，更不能删除，否则编辑时无法显示素材。

2. 编辑画面

素材编辑就是设置素材的入点与出点，以选择最合适的部分，然后按时间顺序组接不同素材的过程。入点和出点也就是这段素材从哪里开始到哪里结束，可以在素材浏览源窗口的下方进行选择，确定后再将素材拖到时间线窗口中。其他的素材也按照这样的方法打点、排列，这样就可以在时间线上看到一段连续的视频序列，在视频浏览器中可以看到这段剪辑的完整内容。

也有很多人习惯直接在时间线窗口中剪辑素材，在工具窗口中选择【剃刀】工具，直接在素材的开始和结束位置剪，然后将不需要的部分"清除"，或者"波纹删除"，以连接其他素材，"波纹删除"的优势在于后面的素材会自动前移与前面的素材相连，中间删除素材后留下的空白会被填补。

3. 编辑声音

由于是风景片，往往需要消除原音，配上音乐，因此，将素材全部框选编组，然后将所有素材的视频和音频"取消链接"，删除原音，然后在项目源中找到音频文件，拖入时间线的音频轨，可以将多余的部分剪除。

4. 制作字幕

字幕也是视频中非常重要的部分，包括文字和图形两个方面。Premiere 中制作字幕很方便，也有很多效果，并且还有大量的模板可以选择。在字幕菜单中"新建字幕"，以静态字幕为例，可以在窗口中输入文字，调整文字属性，设计好之后，关闭字幕窗口，就可以在项目窗口的素材中找到字幕文件，将其拖入时间线的视频轨道就可以了。当然，可以选择将字幕放在视频开始之前，或是放在视频轨道之上叠加在视频画面上，字幕素材的时间也是可以随意调整的，只需要拖动延长或缩短就可以了。

5. 添加特效

不同短镜头看起来没有必然联系，直接相连可能不太自然，可以添加一些转场过渡效果。Premiere 中可以实现很多特技处理，在"效果"面板里的"视频过渡效果"中可以找到不同的转场特效，将转场特效拖到两个素材相连的地方。

6. 输出作品

当视频剪辑加工完成之后，还有一个导出环节，也就是要将加工完成的视频生成视频文件，这样才可以较好地用于传输，或者发布到网上等。在"文件"菜单中选择【导出】—【媒体】，就会出现项目输出对话框，这个已经在视频格式中介绍过。选择合适的视频格式和文件名称及路径，在摘要中可以看到输出文件的属性信息，选择 H.264 是一种比较常见的做法。最后 Premiere 就开始生成视频文件了，根据视频的时间长短，需要一定的导出时间，需要耐心等待。

三、非线性编辑软件操作基础

Premiere 是 Adobe 公司旗下的一款视频编辑软件。人们经常看到的一些影视综艺后期，还有时下比较流行的短视频，基本是由这款软件进行剪辑的。它是对影视作品尤其是视频做拼接处理的后期编辑软件。

（一）主菜单与界面菜单

Premiere 的主界面由多个板块构成，每个板块都有自己的功能。从上往下，首先是顶部的主菜单栏，主要包括文件、编辑、剪辑、序列、标记、图形、窗口、帮助，每个菜单下面都有很多选项，基本包含了软件所有的命令。新建项目、保存管理文件、选择视频格式及序列管理等操作都需要在顶部菜单栏中进行。

从顶部菜单栏往下，有一条菜单栏，主要包括组件、编辑、颜色、效果、音频、图库等选项。这条菜单栏称为界面菜单栏，主要是帮助用户操作预定好的一些固定的界面。比如颜色选项，点击颜色选项后会出现相应的界面变化，在此界面中可以方便用户对视频的颜色进行编辑。

（二）主要操作面板

在界面菜单栏的下方是 Premiere 的主要操作区域，被黑色线分割开的 6 个基本模块分别对应源面板、节目面板、项目面板、时间轴面板、编辑工具面板、音频工作面板。可以说，Premiere 的所有操作基本是在这 6 个基本模块中完成的。下面将介绍 Premiere 的 6 个操作模块的基本功能及其相对应的操作工具。

1. 源面板

源面板主要包括源、效果控件、音频剪辑混合器等。Premiere 主要是对视频素材进行剪辑编辑，将素材拖到源面板，可以对素材进行初步预览。"效果控件"就是给视频添加一些特效，"音频剪辑混合"主要是针对视频所伴随的音频进行处理。

源面板下方有一些对源视频进行初步处理的基本工具，包括添加标记（M）、标记入点（I）、标记出点（O）、转到入点（Shift+I）、后退一帧（左侧）、播放/停止切换（Space）、前进一帧（右侧）、转到出点（Shift+O）、插入（,）、覆盖（.）、导出帧（Shift+E）。

2. 节目面板

在节目面板中同样也具有对素材进行处理的基本工具，包括添加标记（M）、标记入点（I）、标记出点（O）、转到入点（Shift+I）、后退一帧（左侧)、播放/停止切换（Space）、前进一帧（右侧）、转到出点（Shift+O）、插入（,）、覆盖（.）、导出帧（Shift+E）。

值得注意的是，源面板是对源素材的预览，预览的是素材原有的样子，而节目面板是对素材文件做了处理之后的效果预览窗口。比如，给视频加了一个特效，那么特效就会在节目面板中显示，而源面板中未产生变化。

3. 项目面板

项目面板又称"媒体素材管理面板"，导入的素材和新建的素材都可以在这里进行管理，也可以在这里新建序列文件。双击媒体素材中的一个，可以在左上角源面板中进行素材预览，也可以进行简单的标记和素材的截取。计算机在这里可以打开很多文件夹，进而选择所需要进行编辑的素材。"标记"就是项目文件前面的标示色块，可以使素材文件更加清晰、条理化。"历史记录"主要用于记录对素材进行操作的步骤。"效果"主要指视频和音频过渡处理的一些效果，比如黑白、交叉融化、风格化等。这些项目都是可以调整的，可以根据自己的使用偏好进行项目面板的自定义。

4. 时间轴面板

时间轴面板是Premiere进行后期剪辑制作的主要区域，可以对素材进行剪切、组接，以及视音频效果的添加与设置。时间线编辑效果的实现，一般需要借助编辑工具，剪切、拼接、播放速度调整等，大部分内容是在这里完成的。

（1）序列。在Premiere软件中，序列是一个基础性的概念。与Photoshop和Adobe Illustrator中画板大小，以及After Effects中合成大小的概念相似，指显示区域的大小。在项目面板中，点击【新建】，可以新建一个序列。新建序列大小，就是指素材的画面大小和范围。新建序列的大小，一般由最后素材的大小，以及最后导出的视频素材所适用的设备决定。

新建序列后，节目面板中会出现一个黑色背景的方框。无论是视频还是照片素材，都会在这个框的范围内进行编辑和播放。如果素材大小为1 080×1 920，新建的序列大小也为1 080×1 920，那么素材与序列就会完全贴合。如果素材比较小，当素材置于中间时，会发现旁边显示黑边。如果画面很大，超出这个黑框的范围，就不会被播放出来。

因此，序列的概念其实就是规定了一个视频的播放范围，类似电视机的显示器，在这个播放范围内来对素材进行编辑。

（2）轨道。如果说时间轴面板是加工厂，那么轨道就是生产线，在轨道中进行相应视频和音频的编辑操作。一般来说，Premiere软件默认有三个轨道。在素材较多的情况下，也可以进行轨道的添加，在"序列"—"添加轨道（T）"中最多添加 99 个轨道。轨道右方的圆形滑感，主要用来调节轨道的高度和长度，当往下拉时，会发现轨道变大，大到可以放下一个缩略图，显示大概影像或是音频的波形。当调得很小时，会发现轨道之间的距离变得非常小。常见的轨道工具主要包括以下几种。

嵌套工具：轨道工具中，第一个工具是嵌套工具。轨道可以拖入视频和音频素材，也可以进行序列的嵌套。嵌套工具最大的特点就是，一个序列可以包含另一个序列，如果不开启的话，就无法嵌套。

吸附工具：在轨道工具中，第二个工具是吸附工具，其外形类似磁铁，当需要给不同素材片段进行无缝拼接和对齐时，打开"吸附工具"，可以让它有一个自动对齐的效果。拖动后面的素材向前方这个素材进行靠近，当后面素材快要挨着前面的素材时，素材左上角会出现一个尖尖的标识，这个尖尖的标识就代表它在自动对齐，无缝衔接。如果把"吸附工具"关掉的话，视频衔接对齐与否是不清楚的。有时看似对齐了，但播放时会发现中间会有一段黑屏。一般来说，吸附工具是默认开启的，以便素材能够自动地无缝衔接。

链接选择项：在轨道工具中，第三个工具是链接选择项。当拖动一个视频素材到轨道上，一般来说视频的音画是同步的。当然，也可以仅拖动视频或者仅拖动音频。第一种方式是在源面板中，仅拖动视频或仅拖动音频；第二种方式是将视频素材拖到轨道后，点击鼠标右键，选择【取消链接】，点击后，音频和视频就不同步了，可以单独拖动视频或音频；第三种方式是点击【链接项选择】按钮，用以保持视频和音频始终同步，这个一般也是默认打开的，保证音画同步。当点击【取消链接项选择】后，视频和音频轨道就会取消链接，可对视频和音频轨道做调整。

标记工具：链接选择项右侧就是标记工具，用来标记重要的时间点，有助于定位和排列剪辑。可使用标记来确定序列或剪辑中重要的动作或声音。标记仅供参考，并不会改变视频内容。Premiere 主要提供的标记类型见表 1-1。

表 1-1 标记类型

标记	描述
注释	关于"时间轴"选定部分的注释或注解
章节	使用项目中的章修标记，审查者在观看完成的视频时，可以使用标记快速跳转到视频中对应的点
分段标记	可帮助在视频中定义范围，以实现工作流程自动化
Web 链接	添加提供更多有关影片剪辑选定部分信息的 URL

可在源监视器、节目监视器或时间轴上添加标记。添加至节目监视器的标记会反映在时间轴和节目监视器中。在 Premiere 中，可添加多个标记，利用此功能，用户可在时间轴中的同一位置为剪辑添加多个注释。标记采用彩色编码，更易于识别。

时间轴显示：轨道工具的最右侧是时间轴显示，主要是用来设置时间轴上视频和音频的显示样式。首先是视频，包括"显示视频缩览图""显示视频关键帧"和"显示视频名称"；其次是音频，包括"显示音频波形""显示音频关键帧"和"显示音频名称"，以及显示标记情况和"效果徽章"等。

在时间轴面板中对视频和音频显示样式进行呈现时，通常需要借助右方的双圆头滑感，用以调整视频和音频轨道的高度。一般情况下，只有当视频和音频轨道调节得足够高时，其设置的显示内容才能够完全呈现。

（3）工作区域栏。在时间线编辑中，有一个非常重要的属性，即"工作区域栏"。一般情况下，工作区域栏是默认开启的，就是位于时间轴面板中上方的进度条，表示时间线轨道上覆盖有视频和音频素材的区域。工作区域会直接影响导出素材的多少以及长度，对于素材内容的显示具有决定性的作用。当在时间轴面板中拖入相应素材，工作区域会自动跟视频的尾部进行对齐，对齐的位置就表示输出视频的具体内容。

在"序列"中，存在"渲染工作区效果"以及"渲染完整工作区域"两个选项，分别指示要渲染的是素材长度、工作区域长度两部分。因为素材长度是有限的，但工作区域的长度是可灵活调节的。也就是说，工作区域的长度可以与素材的长度保持默认一样，也可以调整得比素材长或短。

当对素材选择"导出媒体"时，会发现导出设置"源"中存在不同的选择范围，可以选择"整个序列""序列切入/序列切出""工作区域"以及自定义。"整个序列"就是指序列中的所有内容；"序列切入/序列切出"指在序列中通过设置"入点"和"出点"进行的序列范围的选择内容；"工作区域"指时间轴面板中工作区域的范围。如果把工作区域调短一些，导出设置默认是"工作区域"，导出的就只有前半段，后半段就不会被导出。而如果工作区域调整过长，会导致导出的视频有黑屏画面。因此，在导出时需要注意选择的导出源范围。此外，也可以在导出设置中对源范围进行自定义选择。

在时间轴面板中，位于左上方的时间码用以显示播放指示器的位置，指轨道中对素材进行编辑的具体时刻，显示格式一般为"时: 分: 秒: 帧"，鼠标点击右键也可改变其样式。时间轴面板上方存在关于时间刻度条的显示，一般默认开启，使操作者对时间有一个概念性的把握。在轨道下方有一个记录条，就是对上面时间单位刻度的"调节杆",用以调整时间刻度的大小。

（4）脱机。在实际操作过程中,由于素材误删、丢失,或者改变了原素材原有的位置,会造成脱机。如果是误删了原素材,就无法重新恢复正常效果了。而如果只是改变了原素材的位置而导致脱机的话,此时就可以通过在"文件"或"项目"中进行"链接媒体",链接到素材就可以了。这是工作时意外出现脱机问题的原因和解决办法。

此外,也存在主动选择脱机的情况。比如,当编辑的素材特别多时,想将文件导入另外一台计算机,这时如果把素材保存导出,一个素材可能会有几十个 GB 甚至几百个 GB 大小,所占内存非常大。可以选择主动脱机,脱机时会将所有的特效、剪辑路径,以及关键帧的设置都保留下来,只是素材不会保存在文件当中,只把相应的特效保存,大概只有几百 kB,导出到另一台计算机就比较方便。然后,可以把素材一点点导入另一台计算机,再进行媒体链接。因此,脱机可以方便项目的转移和素材的导入。

5. 编辑工具面板

编辑工具面板是进行 Premiere 编辑常用的工具,主要作用在时间轴面板上,主要包括选择工具、选择轨道工具、波纹编辑工具、滚动编辑工具、速率拉伸工具、剃刀工具、滑动工具、钢笔工具、手形工具和文字工具。

（1）选择工具（V）。在图形处理软件中或者视频处理软件中,如果要选择一个工具,必须点击【选择工具】,而不是像很多时候,默认鼠标就是选择状态。在图形和视频处理软件当中,如果想选择,首先第一步是要点击【选择工具】,在"选择工具"点亮的条件下,才能对视频或音频进行选择。

（2）向前选择轨道工具（A）。在时间轴面板中,当素材比较多、较为密集时,进行多素材的选择有时会误操作,会选到那些不想选中的素材。按住"Ctrl"键进行相应的多素材选择,虽然能够选择所需的素材,但效率较低且易出错。当选择轨道上的一个素材时,点击【向前选择轨道工具】,或点击【向后选择工具】,就可以以选中素材为基点,同时选择箭头所指向的所有的文件,而不影响其他轨道。

（3）波纹编辑工具（B）。当两个视频紧密衔接,无法更改视频长度时,点击【波纹编辑工具】,把鼠标放在衔接处,会发现中间的箭头会向前或者向后。向前指要拉伸的是前面的视频,而向后就是拉伸后面的视频,也就是箭头指向哪边,就是对哪边进行拉伸编辑。当对素材进行波纹编辑工具拉伸时,会发现无论前面的视频怎么变,后面的视频长度始终是不变的,而是保持相同的空间向后平移。

（4）剃刀工具（C）。剃刀工具是工具栏中除选择工具外，用到频次最多的一个工具，主要用于对轨道上的素材进行切割截取。当时间轴上的蓝色光标位于某一个时间点时，点击【剃刀工具】，鼠标就会变成一个剃刀形状，可以对素材进行切割操作。同时，也可以用另外一种方法，选择轨道上相应素材后，将蓝色光标放在需要切割的位置，使用"Ctrl+K"，也可以直接进行切割。如果不拖动切割的素材，视频播放效果将不会改变，只是被作为素材进行了处理。

（5）外滑工具（U）。滑动工具包括外滑工具和内滑工具。当把素材切割成三份，点选中间视频素材，用外滑工具处理时，会发现画面进行了变化。向左拖动时，虽然这三个视频片段的整体比例没变，但是中间出现了重复帧。也就是对中间视频的入点和出点进行了一个调整。同理，内滑工具也是调整两边视频的出点和入点。

（6）钢笔工具（P）。钢笔工具也是较为常用的。当鼠标右键点击【关键帧显示线】后，轨道上会出现一条白线。当打开"关键帧显示线"后，可以用钢笔工具直接在上面添加一些关键点，通过控制视频或图片的不透明度，给这个视频做一些简单的特效，比如，视频先是慢慢消失，然后再逐渐清晰的视频效果。还有一种方式，就是钢笔工具直接作用在画面上，比如直接在画面上进行点击，画面上会出现所框选的不规则形状的图形显示，就是给这个视频进行图形的添加或覆盖，比如添加LOGO、品牌名称等。

（7）手型工具（H）。手型工具是一个抓取工具，可以对素材进行视图大小的调整。轨道上的素材，有时需要一帧一帧地进行调整，当需要对素材进行很细致的调整时，拖动下面的滑杆，会发现素材过得很快，看不见一帧一帧的效果，这个时候就需要选择手型工具。当点击【手型工具】对素材进行调整时，能够调整到200%、400%的视图大小，会出现一些比较细小、细微的画面，以辅助进行相应观察与调整。

（8）文字工具（T）。文字工具主要针对素材添加文字的工具，文字会以图形的方式出现在画面中。观看电影或者电视剧的时候，有时会看到画面中经常会出现一些类似声明或者保护版权类的文字体系，就是利用文字工具进行制作的。默认的文字工具是横排文字工具，此外，还有一个竖排的文字工具，就是写出来的文字是竖排的，根据实际需要可进行选择。

6. 音频工作面板

在音频工作面板，当播放视频的时候，会有一个类似音频播放器的进度条，播放的时候，视频素材声音会在这里显示，可以显示播放素材的音量大小。

第二章

数字视频编辑基础

第一节 蒙太奇原理

一、蒙太奇原理简述

（一）蒙太奇的概念

蒙太奇是法文 Montage 的中文音译，原是法语建筑学上的一个术语，意为构成和装配，后被借用过来，用在电影上就是剪辑和组合，表示镜头的组接。蒙太奇是根据影片所要表达的主题思想和观众的心理需求，将一部影片拆分成许多不同镜头进行拍摄，然后再根据创作意图拼接起来，它既指镜头组接和转换安排的方法，也指这些方法使用后在观众心理所产生的视听效果。

对蒙太奇理论建构做出巨大贡献的还有两位电影大师：普多夫金和爱森斯坦。普多夫金是库里肖夫的学生，爱森斯坦曾是库里肖夫的助手。如果说库里肖夫强调镜头间的冲突，那么，普多夫金则强调镜头的结构，他认为，一部影片就是经由"各种不同的视觉形象的组合"而得到生命的。而在爱森斯坦看来，蒙太奇不仅是镜头组接的一种技术方式，更是一种思维方式和哲学理念。他认为，"任意两个片段并列在一起必然结合为一个新的概念，由这一对列中作为一种新的质而产生出来"，蒙太奇"连贯地、有条理地叙述主题、情节、动作、行为，叙述一段戏内部和整个电影故事内部运动"，并且"不仅仅是逻辑连贯的叙述，而恰恰是最大限度富于感情的、充满情感的叙述"[①]。爱森斯坦在 1925 年拍摄的革命电影《战舰波将金号》，被认为是蒙太奇理论的艺术结晶，片中著名的"敖德萨阶梯"被认为是蒙太奇运用的经典范例，其基本的剪辑原则和理念现在仍然适用。

---

① 邓烛非. 蒙太奇原理 [M]. 北京：中国电影出版社，2019.

"敖德萨阶梯"这个段落大约 6 分钟，但是用了 150 多个镜头，平均一个镜头不到 3 秒，爱森斯坦将不同姿态、不同运动方向、不同景别和不同长度的镜头剪辑在一起，使镜头之间相互呼应和关联，从而产生了新的时间和节奏，形成一种形式上的紧张气氛。

蒙太奇作为电影创作的主要叙述手段和表现手段之一，就是将一系列在不同地点，从不同距离和角度，以不同方法拍摄的镜头排列组合起来，叙述情节，刻画人物，凭借蒙太奇的作用，电影享有了时空上的极大自由，甚至可以构成与实际生活中的时间、空间并不一致的电影时间和电影空间。

（二）蒙太奇的类型

在镜头的组接中，不是 1+1=2，而是 1+1≥2。电影要叙述情节、构建时空、表达感情、渲染气氛，就离不开蒙太奇。根据影视内容的叙述方式和表现形式的不同，蒙太奇主要分为叙事蒙太奇和表现蒙太奇。

1. 叙事蒙太奇

叙事蒙太奇指连续性的、按照时间逻辑顺序分段衔接，即表达情节的发展和动作的连贯，用以推动整个剧情的发展。叙事蒙太奇的特征是以交代情节、展示事件为主旨，按照情节发展的时间流程、因果关系来分切组合镜头、场面和段落，从而引导观众理解剧情。这种蒙太奇组接脉络清楚，逻辑连贯，明白易懂。叙事蒙太奇主要包括以下几种类型：连续蒙太奇、颠倒蒙太奇、平行蒙太奇、交叉蒙太奇、重复蒙太奇。

（1）连续蒙太奇和颠倒蒙太奇。叙事蒙太奇中最常用的是连续蒙太奇，它往往是按照时间顺序推进故事情节，有节奏地连续叙事，或者在镜头组接上展现动作的连续性和逻辑上的因果关系。这种叙事自然流畅、朴实平顺，最符合生活的逻辑，但由于缺乏时空与场面的变换，无法直接展示同时发生的情节，难以突出各条情节线之间的队列关系，不利于概括，易有拖沓冗长、平铺直叙之感，因此，在一部影片中，往往用于整体叙事结构的安排，绝少单独使用，多与平行蒙太奇、交叉蒙太奇手法交混使用，相辅相成。

张艺谋的电影《活着》从总体上来看以连续推进的方式讲述了主人公福贵一生的经历，青年福贵因为豪赌败光家产，借来皮影，卖艺为生，后入军队，颠沛流离，战后回家，和妻子家珍过着平常日子，个人命运融入时代洪流，后来丧儿失女，老两口最后带着孙子依然笑对生活，憧憬未来。福贵曲折的生命经历诠释的就是活着的真谛：活下去就是活着。电影《泰坦尼克号》是以沉没邮轮的遗骸被发现、一幅油画浮出水面为开端，画上是一位美女佳人，白发苍苍的老奶奶露丝闻讯赶来，称画中美人就是她，人们半信半疑，于是她讲述了那段久远的惊心动魄的往事。回顾事件恰恰是颠倒蒙太奇的主要表现手法，它先展现事件的现状，再描述其始末，类似文学中的倒叙。

（2）平行蒙太奇和交叉蒙太奇。在叙事蒙太奇中，最奇妙的还是平行蒙太奇和交叉蒙太奇，电影情节的精彩往往就体现在这两种蒙太奇的运用上。

平行蒙太奇就是将不同时空（或同时异地）发生的两条或两条以上的情节线并列表现，分头叙述而又统一在一个完整的结构之中。简单地说，就是两条以上的线索分开表现，不同地点同时发生的事件交替出现，或两种时间错杂表现。平行蒙太奇应用广泛，首先，因为用它处理剧情，可以删减一些不必要的过程，以利于概括集中，节省篇幅，扩大影片的信息量，并加强影片的节奏感；其次，由于这种手法是几条线索平行表现，相互烘托，形成对比，易于产生强烈的艺术感染效果。泰国微电影《垃圾侠》有两条平行展开的故事线索：一条线索是老师批阅学生以"你心中的英雄是谁"为题的绘画作业；一条线索是小胖放学后赶去帮妈妈扫马路。最后老师从疑惑到会心一笑，小胖也成为"垃圾侠"站在马路边守护母亲，两个画面叠加在一起，获得一个圆满的结局。

与之相比，交叉蒙太奇表现的则是同一时间不同地域发生的多个情节，且是迅速、频繁地交替表现，强调二者具有严密的同时性和相互依存的联系。交叉蒙太奇又称"交替蒙太奇"，它将同一时间不同地域发生的两条或数条情节线迅速而频繁地交替剪接在一起，其中一条线索的发展往往影响另外的线索，各条线索相互依存，最后汇合在一起。它是平行蒙太奇的发展和延伸，交叉出现的镜头和场景有时表现为因果，有时相互影响和关联，有时是完全相反因素的交叉，揭示出事物的本质。这种剪辑技巧极易引起悬念，造成紧张激烈的气氛，加强矛盾冲突的尖锐性，是掌握观众情绪的有力手法，惊险片、恐怖片和战争片常用此法构造追逐和惊险的场面。

电影史上交叉蒙太奇的典型代表就是格里菲斯的《党同伐异》，其中的经典段落"最后一分钟营救"被广泛运用，与影视作品中常见的"刀下留人"有异曲同工之妙。

影片把工人一步步走上绞架和工人的妻子追赶火车这两个场面的镜头反复交替出现，最后，在工人的脖子被套上绞索这个千钧一发的时刻，他的妻子挥舞着赦免令及时赶到了。交叉蒙太奇常用来营造紧张激烈的气氛，加强矛盾冲突的尖锐性，容易引起悬念，吸引观众的注意力。

（3）重复蒙太奇。重复蒙太奇就是将具有戏剧因素的各种电影手段，如人物、场面、景物、对话、道具、细节、动作、角度等反复表现，构成强调，形成对比，推动情节发展和表达主题意义。重复蒙太奇相当于文学中的复叙方式或重复手法。在印度电影《贫民窟的百万富翁》中，拉蒂卡在火车站转身后仰望贾马尔，笑容灿烂纯真，画面明亮清新。这个逐渐拉近的镜头在影片中多次出现，是贾马尔心中的希望和光明，代表他们纯真的爱情。在这种蒙太奇结构中，具有一定寓意的镜头在关键时刻反复出现，以达到刻画人物、深化主题的目的。

2. 表现蒙太奇

电影以情节取胜，常用的就是叙事蒙太奇。不过，表现蒙太奇也常常起到画龙点睛的作用。表现蒙太奇产生的画面组接关系不是以情节、事件的连贯性为目的，而是表现某种感情、情绪、心理或思想，给观众造成心理上的冲击，激发观众的联想和思考，具体包括：隐喻蒙太奇、对比蒙太奇、心理蒙太奇、抒情蒙太奇。

（1）隐喻蒙太奇。隐喻蒙太奇指通过镜头及镜头的排列组合，表达一种超越画面形象的深层寓意或者创作者对某个事件的主观情绪。隐喻蒙太奇往往是将类比的事物之间具有某种相似的特征表达出来，以引起观众的联想，领会创作者的寓意和领略事件的主观情绪色彩。用来隐喻的要素必须与所要表达的主题一致，并且能够在表现手法上补充说明主题，而不能脱离情节生硬插入，这一手法要求必须运用贴切、自然、含蓄和新颖。

比如，红色是血液的颜色，既可以隐喻生命，也可以隐喻死亡。著名电影《辛德勒的名单》中就运用了红色的隐喻，全片都是黑白色的，但是在德军屠杀犹太人的场景中，一位穿红色衣服的小女孩格外耀眼，给观众极大的视觉冲击，这里隐喻着一种生命的象征在死亡的地狱里游走，辛德勒看见她时，找到了自己的灵魂。而在接下来的镜头中，小女孩的尸体出现在运尸车上，还是穿着红色的衣服，却失去了生命的光彩，这里隐喻屠杀者扼杀了最后一点温暖的颜色，导演用这种视觉效果和蒙太奇手法凸显了战争的残酷和冷血，比那烽烟滚滚、血肉模糊的战争场景更能直击内心。

（2）对比蒙太奇。对比蒙太奇指通过镜头、场面或段落之间在内容上或形式上的强烈对比，产生相互强调、相互冲突的作用，以表达创作者的某种寓意或强化所表现的内容、情绪和思想。画面内容的对比主要包括事件的性质、人物的形象、人物的地位、人物的生活环境、人物的性格品质对比等，比如好事和坏事，胜利和失败，人物贫与富、哀与乐、生与死、高尚与卑下等都可以形成对比。《巴黎圣母院》里面就将美丽与丑陋、善良与邪恶进行了对比；画面形式的对比主要包括前文介绍的构图元素和摄像方法的对比，比如光线的明暗、色彩的冷暖、景别的大小、角度的仰俯、声音的强弱、镜头的动静等都可以进行对比。

在印度电影《贫民窟的百万富翁》中，最后以两兄弟不同的境遇为结局，弟弟获得百万大奖，哥哥死在钱堆里。这一生一死的对比也透射出两人不同的人生信念。在残酷的现实面前，两人都是执念很深、为达目标勇往直前的人，只是他们选择了不同的人生道路，一个为了梦想决不放弃，从未失去善良与纯真；一个为达目的不择手段，最后走上不归路。

（3）心理蒙太奇。心理蒙太奇指通过镜头画面或声音的组接，直接而生动地表现人物的心理活动、精神状态，如人物的闪念、回忆、梦境、幻觉以及想象等心理，甚至是潜意识的活动，是人物心理造型的表现。这种手法往往用在表现追忆的镜头中，用以展现人物的内在精神和内心世界的变化。这种蒙太奇在剪接技巧上多用交叉、穿插等手法，其特点是画面和声音形象的片断性、叙述的不连贯性和节奏的跳跃性，声画形象带有剧中人强烈的主观性。

（4）抒情蒙太奇。抒情蒙太奇指通过镜头中各种元素的组接或镜头之间的组合，在保证叙事和描写连贯的同时，表现超越剧情的思想和情感，达到升华剧情的思想和情感的目的。抒情蒙太奇既是叙述故事，也是绘声绘色的情感渲染，并且更偏重后者。最常见、最易被观众感受到的抒情蒙太奇，往往在一段叙事场面之后，恰当地切入象征情绪、情感的空镜头。

二、长镜头理论

长镜头理论被约定俗成地认为是巴赞电影理论的"代名词"，1945年，法国电影评论家和理论家安德烈·巴赞发表了奠基性文章《摄影影像的本体论》，坚决主张电影是"真实"的艺术，摄影技术应该为现实主义服务，他认为，唯有摄影机镜头拍下的客体影像能够满足人们潜意识提出的再现原物的需要，它比几可乱真的仿印更真切；因为它就是这件实物的原型[1]。

作为一种电影理论或电影美学，长镜头指的是"巴赞电影真实美学的形式概括和称谓。主张采用长镜头（或称镜头段落）和景深镜头结构影片的'长镜头美学'，是实现巴赞现实主义电影理想的实践原则"[2]。巴赞认为，新现实主义首先是一种本体论立场，尔后才是美学立场[3]。

---

[1] 宋艳丽. 摄影美学 [M]. 石家庄：河北美术出版社，2016.
[2] 克拉考尔. 电影的本性 [M]. 邵牧君，译. 南京：江苏教育出版社，2006.
[3] 安德烈·巴赞. 电影是什么？[M]. 崔君衍，译. 北京：商务印书馆，2017.

(一) 长镜头与蒙太奇的关系

蒙太奇理论与长镜头理论关于"真实"的辩论对电影理论的发展有重要影响，但不能简单地认为，蒙太奇代表着虚构，长镜头代表着真实。从本质上讲，二者都追求"真实"，其区别仅是：蒙太奇理论强调的是电影基于艺术"假定性"的真实，是1+1>2；而长镜头理论强调的是"存在"哲学的真实，是1+1=2。不论是艺术真实，还是存在真实，都符合人的视觉规律。

蒙太奇与长镜头之间的区别其实是一种形式的区别、手段的区别：蒙太奇是利用时空分割、镜头组接处理来达到讲故事的目的，强调画面之外的人工技巧；而长镜头追求的是时空相对统一而不作任何人为的干预，强调画面反映事物自然存在的原始力量。

实际上，在电影技术与理论的不断发展和探索过程中，蒙太奇无疑逐渐取得了正统话语的地位，而长镜头日益被涵化到这种话语体系中了，是蒙太奇理论的拓展，在电影的整体蒙太奇架构下，还有一种连贯的、一气呵成的"镜头内部的蒙太奇"，就是利用摄像机的运动，用一个较长的镜头把一个场景或一个段落不间断地拍摄下来。

(二) 长镜头的两种类型

长镜头主要是利用一个镜头内景别、构图、光影、场面、环境氛围、人物动作等造型因素的连续变化，保持演员的表演、动作和情绪的连贯，在一个整体的环境中展示人物关系和事态进展，主要包括纪实性长镜头和场面调度长镜头两种。

1. 纪实性长镜头

纪实性长镜头侧重强调时间的连续性和空间的完整性，是一个镜头能够在一个与现实相一致的时空内完成的一个动作或事件的完整过程。严格来说，纪实性长镜头不是来自现实主义电影理论，而是来自纪录电影或者纪录片的纪实主义。虽然罗伯特·弗拉哈迪的纪录片《北方的纳努克》因为摆拍而使得其真实性遭到质疑，但是依然无法掩盖纪实性长镜头的真实再现功能，因纽特人生活的场景、捕猎的场景都是真实存在和发生过的，长镜头依然是纪录片拍摄的常用手法。

2. 场面调度长镜头

场面调度长镜头主要通过导演精心设置的景别、场面、人物、构图及光影色形等造型因素的变化来体现创作者的意图。1958年的经典影片《历劫佳人》，就是以一个3分20秒的长镜头开始的。这个长镜头的复杂性在于空间调度，它有横向的移动，也有纵向的升降，还有镜头的远近推拉，尤其是镜头从屋顶摇到楼房的另一面，并紧接着后退跟拍，这样的难度在现在看来也是令人吃惊的。导演奥逊·威尔斯在这部电影里运用了一切当时可能的技术手段，包括摄影车、起重机吊臂等，而且广角镜头和大特写之间的切换同样非常自然。镜头前半部分的俯拍和后半部分的平拍，让人们一目了然地观察到美国和墨西哥边境的混乱和污秽，它始于一个手握定时炸弹的特写，然后其被放置到一辆汽车的后备厢之中，整个3分钟，汽车在镜头里牵动着剧情发展，造成了惊心动魄的紧张效果。后来，以长镜头作为电影开场的方式被许多导演争相效仿，比如罗伯特·奥尔特曼的《大玩家》中的8分钟长镜头，杜琪峰的《大事件》中开篇7分钟的长镜头等。

（三）长镜头的叙事特征

一部完全应用长镜头拍摄的电影是无法想象的，事实证明也是无趣的。当长镜头与其他镜头组接时，就变成蒙太奇中的一个镜头，变成一组镜头段落中的一个镜头，只有与镜头段落中的其他镜头组合排列时，才能真正获得其艺术生命。现在的影片在叙事上往往以蒙太奇结构为主，恰到好处地运用一些长镜头往往能够锦上添花。

单从长镜头来看，它本来就是以叙事见长，长镜头用一个几分钟的镜头不间断地拍摄一个完整的场景或一场戏，以完成一个比较完整的镜头段落，而不破坏事件发展中时间和空间的连贯性。从时间结构看，长镜头最好地保持了时间进程的连续性，使得屏幕时间和实际时间保持了一致；从空间结构看，长镜头能够在镜头的调度中展现空间的全貌，在运动中实现空间的自然转换。

由于长镜头最大的叙事特征是保证了时间和空间的连续性，因此其自然客观的叙事视角使影视场景最大限度地接近生活的原貌，还原生活的真实，这种客观性和真实性的叙事特征对观众来说是极大的尊重，他们成为事件的凝视者、故事的见证者。

（四）一镜到底

从字面意义上理解，一镜到底是对长镜头的进一步拓展，这种技巧强调的是一部电影从头至尾只用一台摄像机拍摄的一个镜头来完成。真正的一镜到底影片是从1982年贝拉·塔尔的《麦克白》开始的，其正片是一个长达67分钟的镜头，基本都是特写，初具一镜到底的影子。而之前受制于胶片拍摄的时间问题，真正的一镜到底并不存在，经典电影《夺魂索》（1948年，希区柯克）和《帝国大厦》（1964年，安迪·沃霍尔）都只能算是后期剪辑而成的一镜到底的效果。数字摄影技术的发展推动了一镜到底真正意义上的实践。亚历山大·索科洛夫2002年拍摄的《俄罗斯方舟》，全片是一个99分钟的镜头，向观众展示一镜到底的高超技艺；2015年，惊艳柏林电影节的《维多利亚》再次让一镜到底获得世界瞩目。一镜到底的电影并没有普及和流行，它更多地作为一种电影技艺的实验而偶尔一鸣惊人，很容易陷入卖弄技巧、欠缺观赏性的尴尬境地。

观众津津乐道的一镜到底一般指运用影视后期剪辑技巧而形成的一种视觉效果，其中的无缝转场好像一种障眼法，让观众不能轻易察觉镜头拼接和场景转换的痕迹。比如墨西哥导演亚利桑德罗2014年执导的《鸟人》，全片是由10多个镜头无缝拼接而展现出的一镜到底效果，只是每个镜头都是经过导演精确设计的，拍摄过程中全部演员、摄影、灯光、录音等，都要按照设计精准走位，不允许出现任何差错。

随着媒体融合和交互传播的兴起与发展，一镜到底日益作为一种视觉化叙事技巧被应用到更广泛的领域，比如融合新闻、微视频等，用于协同文字、图像、动画、声音等多种元素，共同打造一个连续的、完整的、流动的叙事时空。

三、影视时空观

不论是蒙太奇原理，还是长镜头理论，都说明了影视是时间艺术和空间艺术的综合体。现实中的时空是客观存在的、不为人的意志所转移，而影视中的时空却有很强的自由性，创作者可以根据自己的意图再现、重构，甚至虚拟出现实中完全不存在的时间和空间，高度自由的时空观是影视画面的造型基础和叙事核心。

（一）影视中的时间

影视中的时间有三个维度：故事时间、影像时间和心理时间，也就是"三时"，它们分别界定了故事的持续时间、影像画面的表现时间和观众的审美时间。

1. 故事时间

故事时间指事件或故事所发生的持续时间和过程时间，即客观的时间、实在的时间。故事时间不以人的主观意志为转移，而是连续向前的，所谓时间一去不复返，说的就是这个意思。一些事件可以跨越几十年，而另一些事件可能在几秒内就完成。因此，单向性、连续性、客观性是故事时间的内涵体现。

2. 影像时间

影像时间指影视艺术通过画面呈现事件所需要的时间长度，即艺术的时间、虚构的时间，也是影像的放映时间和观众的观看时间。影像时间是一种艺术表现时间，通过影视剪辑手段，可以顺序、颠倒、冻结、变速的方式呈现，实际上是对故事时间进行压缩或者扩张后的虚拟时间。影视作品可以将跨度非常大的事件流程，压缩在两个小时、几十分钟，甚至几分钟内向观众介绍清楚，也可以将一刹那的事情反复或延续，使其大大超过生活中实际需要的时间，比如一颗子弹的飞行。因此，虚拟性、伸缩性、叙事性是影像时间的本质特征。

3. 心理时间

心理时间指观众在欣赏影像作品时的心理反应时间，即主观的时间、审美的时间。心理时间完全源于个体的主观感受，比如影片的剧情轻松、节奏明快、镜头组接得很流畅，观众就会觉得时间过得很快，观看的心理时间也就随之变短；如果剧情沉闷、节奏缓慢、叙事拖沓，观众就会觉得时间过得太慢，甚至难以忍受。其实，时间都是在正常地运行着，只是观众的心理感受不同罢了。可见，主观性、个体性、多变性是心理时间的基本属性。

4. "三时"的关系

故事时间、影像时间和心理时间是相辅相成的，其中，影像时间是中介，故事要深入人心，要靠影像的传达。影像时间如果比故事时间长，那么观众就会感觉时间被拉伸，情节被延缓，心理感受会被放大；影像时间如果比故事时间短，那么观众就会感觉时间被缩短，情节被压缩，心理感受是紧张或爽快；影像时间也可能是实时的，即等于故事时间，就像长镜头一样。不过，剪辑手法也可以营造实时效果，美国反恐系列电视剧《24 小时》就做了这样的尝试。该剧每季 24 集，每集描述 1 小时发生的事件，每集开始时，屏幕文字就提醒观众"以下内容发生于某时至某时"。剧中频繁出现数字计时器，向观众提醒时间在一分一秒地流逝。

陈可辛导演的微电影《三分钟》里也运用实时手法，不过片中采用了倒计时的方法，加上越来越快的剪辑节奏，虽然实时是 3 分钟，但是在心理时间上是不同的。短片讲述了一个不同寻常的春运故事，剧情最关键的结构设计是在列车停靠站台后，母子见面只有 3 分钟。"3 分钟"为这次团圆带来的时限感正是剧情张力所在。短片特意以 3 分钟倒数计时的创作构思来强化这种时间感。片中，倒计时数字显示在画面上方，列车进站停车，画面用全屏文字显示 2 分 59 秒，3 分钟倒计时开始，越到后面，数字变得越大，画面交替越频繁，紧张的读秒与儿子磕磕巴巴的背诵声形成反差，拨动着观众的心绪。当儿子背完了乘法口诀表，火车也启动了，3 分钟倒计时也结束了。母子俩的短暂团圆,没有几句对话,却留给观众无尽的回味。

(二) 影视中的空间

电影空间的设置是为内容服务的,电影的银幕空间不仅是一个单独的物质空间,而且是一个与影片剧情相融合的表意空间。由此看来,和时间一样,影视中的空间也有三个维度:自然空间、戏剧空间和心理空间。

1. 自然空间

影视画面的自然空间也可称为物质空间,就是观众看到的画面实景,主要包括"三景",即景物、景别和景深,分别代表画面的构图元素、造型变化和清晰范围。"三景"呈现的虽然是自然景物,但是从景物到景别,再到景深,镜头技术运用得越来越多,这里面也体现了人的能动性和主动性,所以画面的自然空间是不会独立呈现的,它们无不被赋予人文的意义,承载着戏剧空间、心理空间。

2. 戏剧空间

戏剧空间是影视剧情展开的环境空间,使叙事相对简约和集中。戏剧空间正好表现了电影空间的社会性,因为电影影像空间是社会真实空间的艺术表现,所体现的是客观世界里各种交错复杂的关系,大致包括人与人的关系、人与社会的关系和人与自然的关系。戏剧就是靠这些复杂的关系来推进和完成剧情的。

3. 心理空间

正如表现蒙太奇的镜头功能,影视中的心理空间是人物内心思想、情感世界的物化和外化;同时,心理还可能上升至一种观念,心理空间延伸为观念空间,也称"哲理空间",是借助镜头传达某种理性认识或观念的空间,这同样是一种表现性空间。

(三) 数字影视中的非线性时空、互动时空

1. 非线性时空

线性叙事电影就是按照故事发展的时间顺序来安排情节,一般有主要线索和主要角色,不论过程如何曲折、颠倒,总体来说都展现了一个时间流程。非线性叙事电影则打乱时间顺序,将时空交错在一起,同时多条线索叙事,其没有必然的联系,也没有绝对的主角。电影就是凭借其时空自身的优势,利用非线性剪辑技术,将一种非线性叙事的结构呈现在观众面前。

影视叙事学中一般把电影的时空交错分为四种情况,即同时间同空间的重复叙事、同时间不同空间的并列叙事、同空间不同时间的接续和并置叙事、不同时间不同空间的交错叙事[①]。影片《罗生门》《罗拉快跑》是同时间、同空间重复叙事的代表；影片《雏菊》对广场枪杀那一段时间的场景描述了三次，从三个人的角度描述了他们处在不同空间的经历，是典型的同时间、不同空间的并列叙事；英格玛·伯格曼执导的《野草莓》则是同空间、不同时间的叙事；而导演冈萨雷斯在影片《21克》和《通天塔》则是不同时间、不同空间的交错叙事。《21克》采用了五条叙事线索交叉进行的叙事方式，平均每分钟就切换一次场景，《通天塔》则是交叉了三个国家的四条线索，也是几分钟切换一次场景。观众刚开始可能一头雾水，但随着影片的深入，会自行完成对影片的时空拼贴。

与传统的线性叙事电影相比，非线性叙事电影给观众带来更多的新鲜感和刺激性，观众在观影过程中必须积极调动自己的思维，有些观众甚至会觉得非线性叙事电影非常费脑筋，正因为如此，非线性叙事变得高级起来，吸引了许多富有挑战精神的观众，这也可能是许多导演喜欢用非线性叙事的原因。

2. 互动时空

非线性叙事基于数字影像的数据库式的模块化结构，突破了传统线性叙事的时空、因果关系，是离散和割裂叙事结构。而随着数字媒介技术的进一步发展，媒介内容和受众的交互使影视时空和受众的现实时空连接起来，场景的融合产生了新的互动时空。

互动性介入叙事，使文本成为游戏，使观众成为参与者，伴随互动性的沉浸感消弭现实与虚拟之间的边界，使互动者对于叙事内容产生沉浸于叙事世界之中的幻觉。互动性的介入改变了"作者-文本-读者"的关系，互动叙事的文本由设计者完成基础设计，在互动者的参与下最终完成。

互动叙事的结构方式来自设计者对戏剧冲突的控制程度，体现为封闭（设计者控制情节）与开放（互动者控制情节）之间的平衡。对这个平衡关系程度的把握，最终形成了互动叙事结构的不同模式。

从线性叙事到非线性叙事，再从非线性叙事到互动叙事，是当代艺术叙事方式的不断演进，也是文化需求与数字技术碰撞融合的结果。线性叙事、非线性叙事与互动叙事并非非此即彼，在艺术实践中它们共存互补，在媒介融合的语境下构建数字叙事的跨媒介图景。

[①] 王家东. 非线性叙事电影：凌乱时空的独特表达——以《21克》《通天塔》为例 [J]. 汉江师范学院学报，2017（4）：34-38.

第二节 镜头组接规律

一、画面内容的逻辑性

（一）符合生活和思维逻辑

1. 符合生活的自然逻辑

事物发展的自然逻辑就是生活的逻辑，指事物本身发展变化的客观规律。事物的变化发展是随着时间发展的连续性过程，时间不停止，发展和变化就连续进行，比如春夏秋冬的季节更替、生老病死的生命过程。任何事物的生成与发展都有其自身的逻辑，一个人拿出手机、拨号、通话、挂机，这是一个完整连续的动作过程；发现问题、分析问题、解决问题，这是事物发展的规律，也是人们认识事物的过程。因此，编辑要尽可能把握事物发展的总体进程和认识过程，确保镜头编排次序的正确逻辑关系。

镜头的组接顺序是变化多端的，事件的发展逻辑却是不变的。比如，在拍摄运动员起跑的镜头时，常见的镜头组接形式有以下几种：①发令枪举起—运动员起跑准备—观众紧张观看—运动员起跑；②发令枪举起—观众紧张观看—运动员起跑准备—发令枪响；③观众紧张观看—运动员起跑准备—发令枪响—运动员起跑。虽然镜头组接顺序有所调整，内容也不尽相同，但都遵循了发令枪先举起再发射、运动员先准备再起跑的动作逻辑和发令枪响后再起跑的基本生活逻辑，镜头组接也更显流畅、自然。

不过，影视创作毕竟是一种艺术活动，艺术活动的创造性可能会违背生活的自然逻辑，这类艺术创作就是以反常性为主要特征，也是吸引观众的主要原因。比如，神怪武侠类的影视作品、科幻魔幻类的影视作品就是典型的不合常理，生活的自然逻辑完全被打破，然后建立起新的生活领域、超乎寻常的逻辑体系。一般影视作品往往也会因为追求视觉效果而打破自然逻辑，近年来备受质疑的"抗日神剧"就是如此。

2. 符合人类的思维逻辑

人类的思维逻辑是一种神秘的习惯，观众在观看影视节目时的心理活动也是有规律的。比如，人们习惯将两个相邻的事物关联起来进行思考，或者习惯将片段性内容进行心理补足后以获得连续的过程，关联性和连续性就是人类思维的两种重要习惯，它们常常是相辅相成的，在具体剪辑中，伴随影片内容的变化会有所侧重，影视作品情节的推进主要依靠观众的关联性思维进行勾连和串接，从而弄清故事来龙去脉的过程、人物爱恨情仇的关系；影视片中镜头主体动作的连贯和完整主要取决于镜头组接的连续性处理是否恰当。

镜头的组接要符合观众的思维逻辑，才能充分调动观众的欣赏情趣，引导观众进行积极的思维活动、情感活动和认知活动。观众完全是通过镜头的相互关联来建立对事物的认识，如果画面组接不符合思维逻辑，会让观众观看起来不知其所云。比如，第一个镜头中一位女士走进商场，第二个镜头中她提着购物袋走出商场，观众自然会将这两个镜头关联起来，并在脑海里补充这位女士在商场里面购物的过程，但是，如果第二个镜头换成一位男士提着购物袋走出商场，那么观众就会觉得不可思议或者疑虑重重：刚刚进去的那位女士去哪里了呢？因为这两个镜头的画面无法关联起来进行连续思考。影视作品中还有一种不合逻辑的穿帮镜头，比如前一个镜头人物的左手受伤，后一个镜头却变成他的右手受伤，这可能就是在场景切分和分镜头拍摄时粗心大意造成的。

（二）遵循镜头内在的基本关系

镜头本身存在内在的联系，这种联系是观众思维活动和视觉效果形成的基础。镜头内在的基本关系主要有包含关系、层次关系、呼应关系、并列关系、对比关系、隐喻关系、因果关系、意外关系等，以让观众在观看节目时，从心理上感受到连贯和通顺。比如，从屋外到屋内、从扔石头到水花溅起，这都是通过镜头内容的内在关系达到观众心理的连贯。

在电影《紫色》中，西莉和南蒂被迫分开后，姐姐西莉一直在等待南蒂的来信。然而，信箱却被性格粗暴的丈夫亚伯特视为私人物品，不让西莉靠近。面对近在咫尺的信箱，西莉不敢甚至从未想过主动打开信箱，在信使往信箱投递信件后，西莉的眼神充满了期待和希望，小心翼翼地问亚伯特"有我的信吗"，下一个镜头中空空的信箱呼应了她的询问。通过两个镜头巧妙地组接，尽显亚伯特的野蛮霸道和西莉屈服于强权的胆怯懦弱。

二、造型衔接的有机性

利用画面造型元素及其特征来连接镜头和转换场景，也是镜头组接过程中不可忽视的重要方法之一。

（一）形态和位置

主体的外部形态（如人或物的动作、姿态）、线条走向、景物轮廓等，是影响视觉连贯的重要因素。上、下镜头连接时，主体形态相同或相似则视觉流畅，因此，常用相似造型或同类物体的组接。在电影《穿普拉达的女王》中，运用大量相似的场景和动作进行巧妙衔接，画面转场非常自然流畅。

（二）运动方向和速度

画面内主体的运动、摄像机的运动、不同主体的运动等动态特征，是影响视觉连贯的因素。这些运动因素造成的动势流程流畅进行，则视觉连贯。而一个动作流程被切断，破坏了原有的运动节奏，则视觉跳动。例如，两个镜头的主体运动或摄像机的运动方向不一致，运动速度明显变化、接动作时动作的重复或间歇及动、静的突然变化等，都易造成视觉的跳动。在电影《穿普拉达的女王》中，在表现安迪日渐适应职场生活的变装镜头中，巧妙有趣地将安迪去公司路上的造型、动作进行了组接，并注意对运动方向和速度的把控，转场尤为巧妙。

（三）影调和色调

影调和色彩除视觉效果的表现外，还是人们情绪反映的一种最直接的表现手段。暗光显得低沉阴郁，明光则显得明亮开朗；暖色调一般让人感觉温馨舒适，冷色调一般给人感觉冷漠沉静。除非是为了刻意创造对比意义，一般影调和色彩都尽量保持一致，不要有太大的反差，否则接在一起会有很强的跳跃感。尤其是在一个镜头段落中，不宜高、低调场景和冷、暖调景物频繁切换，否则也会使人感到不顺畅。

电视剧《延禧攻略》采用比较清冷淡雅的莫兰迪色系，而且剧中人物服饰的颜色、场景道具的色彩、画面的色调都是一以贯之，浑然一体，配合中间偏低的影调处理，使人感觉舒适而又平静。

三、运动的连贯性

镜头的运动实际上包含内部运动和外部运动两个方面，内部运动是指镜头画面内主体的运动，比如人物的动作、位移等；外部运动是镜头外在形式的运动，比如推、拉、摇、移等运动摄像。在画面拍摄剪辑时，有一个基本的要求就是主体的动作要是连贯的，这一连贯性既包括镜头运动的连贯，也包括主体形体动作的连贯。不论是镜头外部运动还是镜头内部运动，一般都遵循静接静、动接动的基本规则。

（一）固定镜头之间的组接

如果是固定镜头相接，就不用考虑镜头的外部运动因素，只需要考虑镜头内画面主体的运用因素，动静不同共有三种组合方式。

1. **主体都静止**

主体静止一般指主体既没有位置移动，也没有较明显的动作，这时需要根据静止主体间在内容上的某种逻辑关系或形态相似的外部特征等造型因素来组接。在微电影《三分钟》中，列车员母亲和儿子丁丁短暂相见时，运用了两个固定镜头进行组接，一个镜头表现丁丁背乘法口诀，另一个镜头表现母亲看丁丁背乘法口诀时的复杂心情，两个镜头交替出现，制造出一种强烈的时间紧张感。这就是利用人物关系的紧密性来组接镜头，准确地说是视线方向的相对呼应，且人物景别相同，在画面所占的位置互补等。

2. 主体都运动

主体运动包括位移的变化和动作的变化，前后两个固定镜头中的主体都是运动的，不论是同一主体，还是不同的主体，都是在运动中相接，是动接动。不同主体的动作连接，可根据主体运动衔接的连接性和造型因素的匹配组接镜头。在微电影《三分钟》中，当儿子丁丁看到列车员妈妈时，在人群中朝妈妈所在方向走去，列车员妈妈一边检票一边回头向丁丁所在的方向张望，一组固定镜头中保持了主体动作和方向的连贯，并且通过同样的纵深构图形成视觉的和谐。

3. 主体运动与主体静止组接

在相接的两个固定镜头中，一个主体是运动的，另一个主体是静止的。如果主体运动的镜头在前，要在主体运动的停歇点切换。这个时刻相接的两个画面中的主体都处于静止状态，静接静平滑地过渡。如果主体静止的镜头在前，则要在主体运动起来之后，接后面的主体运动的镜头。比如，电影《罗拉快跑》结尾处，罗拉与男友曼尼见面时固定镜头的组接。

（二）运动镜头之间组接

运动镜头之间的组接，同样要注意镜头内主体的运动情况。需要注意的是，主体不同、运动形式不同的镜头相接，应除去镜头相接处的起幅和落幅。

1. 主体都静止

根据上、下镜头运动的速度快慢和画面造型特征，在镜头运动过程中切换。在微电影《三分钟》中有一幕场景，上一个镜头是儿子丁丁在站台等妈妈时背影的拉镜头，下一个镜头是妈妈在火车上期待与儿子见面的移镜头，两个镜头组接在一起，连接了儿子的空间和妈妈的空间，为后面的母子相聚做了铺垫。

2. 主体都运动

这种情况就需要结合上、下镜头主体动作的有机衔接和画面造型特征，在运动过程中切换。在电影《穿普拉达的女王》中，安迪去杂志公司面试的场景，镜头和人物一直处于运动之中，且两者运动的方向保持一致，这种组接使得视觉流畅，如行云流水，一气呵成。

3. 主体运动与主体静止组接

如果是先运动后静止，那么一般要在上镜头内主体动作完成后切换，再结合上、下镜头运动的速度快慢及画面造型特征有机地组接镜头。比如，在电影《穿普拉达的女王》中，安迪一路奔波到达应聘公司大楼门口，上一个镜头在安迪脚步停下时结束，下一个镜头安迪正在驻足仰视。

如果是先静止后运动，那么一般要以下镜头的主体动作为主，在上镜头主体从静止到开始运动时切入，从而保持动的连贯。同时还要注意镜头的运动方向，如果是两个运动方向不同的镜头组接，一般编辑点在起幅、落幅处。不过，要尽量避免运动方向相反的镜头组接，比如一个镜头向左摇，接一个镜头向右摇，可能会让观众的视觉不太舒服。

（三）运动镜头与固定镜头之间的组接

以上情况分别是固定镜头与固定镜头相接，或者运动镜头与运动镜头相接，总体来说遵循"动接动，静接静"的规律，不过，这里的动、静首先考虑的是主体动作。如果是运动镜头与固定镜头之间的组接，那么遵循"动接动，静接静"的基本规律首先考虑的就是镜头的动、静。前面讲过，运动镜头的起幅和落幅相当于两个固定画面，其稳定性就可以成为与上、下固定镜头相接的因素，也就是说，若运动镜头在前，编辑点选在运动镜头的落幅上；若运动镜头在后，则编辑点要选在运动镜头的起幅上，这是静接静的转换。由于运动镜头内的主体还有动、静之分，使得运动镜头和固定镜头之间的组接情况较复杂。只要符合现实生活的逻辑，有时也采用动接静、静接动的转换方法。电影《紫色》的开场，西莉的父亲叫西莉和南蒂回家吃晚餐，镜头跟随西莉父亲走向西莉和南蒂而进行运动到静止的变换。

四、自然转场的方法

转场指影视剪辑中不同场景之间的转换，也可以指镜头段落之间的过渡。这是一种比较特殊的镜头组接方式。自然转场也就是无技巧转场，是相对于有技巧转场而言的。无技巧转场指镜头直接切换进行自然过渡，而不使用后期转场特效，运用自然转场的前提是依据镜头自身元素和观众心理连接镜头、转换时空、分隔段落，所以，运用自然转场还要求摄影师在视频拍摄过程中就考虑场景之间的衔接，总的来说，场景转换以流畅为基本要求，只要能满足观众的期待，并激起观众的心理共鸣，可以尝试多样的转接方式，以下是一些常见的自然转场方法。

(一) 同体、相似体进行转场

上、下场景的首尾镜头如果具有相同或相似的主体形象，或者其中物体形状相近，位置重合，运动方向、速度、姿态一致，画面色彩影调一致等，那么组接起来就可以达到视觉连续、转场顺畅的效果。这实际上是利用人们的心理定式，采用偷梁换柱的方法，往往可以造成联系上的错觉，使转场流畅而有趣。比如，上一场景是朋友聚会，最后一个镜头是被端起的酒杯碰在一起，下一镜头也从碰杯的镜头开始，但紧接着镜头切换后发现，已经不是原来的聚会场景了。

利用相同或相似的画面主体进行转场是常用的方法。电影《穿普拉达的女王》的开场，首先映入眼帘的就是不同场景女生交替出现的穿衣、洗漱、化妆、穿鞋，出门前与男友亲吻的镜头，通过相似的画面主体与人物动作进行场景的切换，充斥着浓烈的都市时尚女性气息。

出画入画转场就是利用了主体动作方向、速度、姿态的一致性进行转场。这种转场方式就像文学中的排比句，往往是一组出画入画的镜头并列使用，而且主体运动方向一致，姿态动作相似，变化的往往是场景或者人物造型，或者主体本身。在电影《穿普拉达的女王》中，通过女总编米兰达向刚入职场的安迪丢衣服、包包、下命令等一系列快节奏相似动作镜头的组接，既表现了时间的过程，也刻画了米兰达苛刻、严厉的女上司形象，体现了刚入职场的安迪所面临的巨大工作压力。

(二) 两极镜头转场

两极镜头指画面造型元素形成极端对比的镜头，比如景别大小、镜头动静、光线明暗等，利用前后镜头的巨大反差和对比，可以形成明显的段落间隔，这种方法一般用来衔接大段落的转换，时间和空间跨度很大。两极景别的运用相对更为常见，因为前后镜头在景别上的悬殊对比很大，所以能制造明显的间隔效果，段落感强，这种镜头的跳切还有助于形成影片的节奏。一般来说，前一段落大景别结束，下一段落小景别开场，视觉被拉近，叙述节奏加快；反之，前一段落小景别结束，后一段落大景别开始，视觉被推远，叙述节奏减缓。

(三) 空镜头转场

这里的空镜头主要是景物镜头、环境镜头。用来转场的空镜头主要是人物生活环境的全景、远景镜头，比如城市、群山、乡村、田野、天空等，在一段叙事之后，以这类镜头转场既可以展示不同的地理环境、景物风貌，又可以表现时间和季节的变化，同时又是借景抒情的重要手段，可以弥补叙述性素材本身在表达情绪上的不足，为情绪生发提供空间，同时又使高潮情绪得以缓和、平息，从而转入下一段落。例如，在电影《重庆森林》中，镜头从霓虹闪烁的城市繁华升至蓝色忧郁的天空，表现了从现实世界到精神世界的流变，为接下来镜头转向人物、刻画人物内心世界做好了铺垫。

（四）主观镜头转场

客观镜头与主观镜头一般是相伴相随的，是"看"与"被看"的逻辑关系，一般前一镜头是人物"观看"的客观镜头，后一镜头就是人物"看到"的场景。这里"看"有多重意义，并不完全是用眼睛看，主观镜头主要是借助画面内人物视觉方向所拍的镜头，人物视觉的转向还可以表示回忆与怀念、想象与憧憬等。比如，在电影《穿普拉达的女王》中，安迪匆匆赶去参加新工作的面试，当她抵达目的地后，并不是径直前往，而是停留下来仰望着高耸入云的摩天大楼，接下来的场景才是安迪置身大楼，这里就采用了女主角安迪的主观视角镜头转场，刻画了人物忐忑紧张的心理。再比如，前一镜头是人物抬头凝望，下一段落可能并不是他看到的，而是他想到的，如回忆童年的时光、怀念家乡的父母、思念异地的恋人、憧憬美好的未来，这样可以进行大时空转换。

（五）挡黑镜头转场

挡黑镜头指主体迎面而来，遮挡住摄像机镜头，形成暂时的黑画面。主体挡黑转场常用于时间、地点的转换，在视觉上给人以较强的冲击，同时制造视觉悬念，而且，由于省略了过场戏，加快了画面的叙述节奏。典型例子是，前一段落在甲地点的主体迎面而来挡黑镜头，下一段落主体背朝镜头而去，已到达乙处。这里的挡黑主体可以是同一主体，也可以是不同主体。

现在比较流行的遮挡物转场与挡黑转场有类似之处，画面内前景暂时挡住画面内其他形象，成为覆盖画面的唯一形象，比如，在大街上的镜头，前景闪过的汽车可能会在某一片刻挡住其他形象，镜头变化时已经是不同的场景了。遮挡转场实际上有直接切换的无技巧转场，也有运用特效的有技巧转场，不过转换也比较自然，很多无缝转场用的就是这种方法。在电影《穿普拉达的女王》中，有些安迪的换装镜头，就是利用前景驶过的汽车、大厅的墙柱等进行遮挡转场。

（六）特写镜头转场

前面提到，特写镜头排除了环境景物，又往往没有方向概念，因此特写镜头在转场的时候也总是能派上用场，甚至是一种"万能镜头"。特写镜头转场的主要特征是，无论前一组镜头的最后一个镜头是什么，后一组镜头都可以从特写镜头开始。特写镜头对局部进行突出强调和放大，展现一种平时在生活中用肉眼看不到的景别，能够暂时集中观众的注意力，使他们不至于感觉到太大的视觉跳跃。所以，在前期拍摄的时候应该有意识地在每个场景都拍摄一些特写镜头，以备后期编辑时使用。

（七）运动镜头转场

利用摄像机机位的移动或镜头方向的移动所造成的视线场景的变化，完成地点转换的任务，就是运动镜头转场。各种运动拍摄都可以用来作为转场的手段，它们可以连续地展示一个又一个空间场景，从而顺畅、自然地完成转场。而且，利用运动镜头进行转场，还可以形成不同的画面节奏：如果摄像机运动速度比较缓慢，转场就显得十分连贯、柔和，可以制造比较恬静、优美的意境；如果摄像机运动速度很快，场景的突然变化会造成较强的视觉冲击，有利于表现紧张的情节和气氛。

电影《罗拉快跑》中有一幕场景，罗拉得知男友有危险，奔跑去救助。母亲看到罗拉奔跑的身影，问"罗拉，去买东西吗？带瓶洗发水"，随后，镜头运动到母亲的房间内，出现母亲正在打电话的画面。这里就是运用镜头的运动进行自然转场的典型案例，母亲声音的加入让转场更为自然、流畅。

（八）声音转场

声音转场就是用音乐、音响、语言等影视声音和画面配合实现转场。利用解说词承上启下、贯穿上下镜头的意义，是电视新闻报道节目制作的基本手段，也是转场的惯用方式。不论是音乐、音响还是人物的语言，虽然它们的功能不同，但是声音在形式上都是具有延续性的，利用声音的延续性转场，可以利用其过渡的和谐性自然转换到下一段落，也可以利用剪辑技巧实现链接，比如，声音的持续、声音的提前进入、前后段落声音相似部分的叠化等。利用声音的吸引作用，弱化了画面转换、段落变化时的视觉跳动。比如，电影《太阳照常升起》中第一、第二段落转换时，时空的跨度非常大，当画面出现流畅的小河时，响起了《美丽的梭罗河》的歌声和吉他声，河流渐渐流出观众的视野，歌声渐渐深入观众的心灵，下一场景就以弹吉他的歌者开场了。

另外，语言除形式上的联系外，还有意义上的呼应关系，这种关系可以用来实现时空大幅度转换。比如，在电影《紫色》中，上一段落哈波的父亲不同意他结婚，最后的镜头是怀孕的未婚妻在门口大叫哈波，哈波正面对父亲犹豫，不敢回头应答；下一段落开始，哈波回头应答"我愿意"，此时已在婚礼现场，孩子也已出生。一喊一答，加之回头动势，错觉带来了戏剧性效果，实现了时空跨越的目的。

还有一种比较特殊的情况，是利用前后声音的反差，加大段落间隔，加强节奏性，比如前方战场的声音戛然而止，后方战士的亲人担忧企盼；或者，后一段落声音突然增大或出现，利用声音吸引力促使人们关注下一段落。

五、画面长度的选择

已经介绍镜头该如何组接，段落该如何转换，但是实际中可能又在画面长度的问题上犹豫不决，不知在何处下刀。拍摄的镜头总是会预留更长的时间，以便编辑时有更多的选择余地。编辑时到底在哪个位置选择剪辑点，往往也是需要反复斟酌的，因为画面的长度是由多种因素决定的。

（一）内容长度

画面的内容长度指观众能够看清、听清画面内的声画信息元素所需要的长度，这是最基本的要求。画面的内容长度首先是由要表达的内容难易程度、观众的接受能力决定的，其次还要考虑到画面构图等因素。比如，不同景别的画面所包含的内容是不同的，大景别画面包含的内容较多，前景、背景，主体、陪体等都比较齐全，观众自然就需要更长的时间看清楚这些画面上的内容，而对于近景、特写等景别小的画面来说，所包含的内容较少，观众需要较短的时间即可看清。再比如，亮度的因素，亮度高的画面容易被看清，长度可以短些；亮度低的画面不容易被看清，则长度应该长一些。还有动静因素也影响内容的长度，在一幅画面中，动的部分比静的部分先引起人们的视觉注意，因此，当重点表现动的主体时，画面要短些；表现静的主体时，则画面持续长度应该稍微长一些。最后，画面长度在很多时候是由镜头的声音内容所决定的，声音内容多，镜头就长一些；有字幕的画面比没有字幕的画面也要长一些。

（二）情感长度

内容长度是剪辑时决定画面长度的首要考虑因素，因为看清画面对观众来说是最起码的要求。但是，观看影视作品，观众不会止于看到什么，还会追求精神的享受和情感的共鸣，因此，画面需要具有情感长度。情感长度是一种通过画面细节描写从而达到情感外泄与意义凸显，镜头需要足够的时间来渲染气氛、营造氛围、抒发情感，才能让观众进一步感受、体会镜头所传递的信息，产生情绪上的共鸣。内容长度主要由人们的视觉特点决定，而情感长度则主要由人们的心理特点决定，主要以画面主体的情绪（包括情感、气氛等）发展所需要的时间长度而定。比如，用特写镜头表现一个人伤心落泪，如果只需要让观众看清内容，可能2秒就够了，但是如果要引导观众体会人物的内心世界，感受人物的情感处境，最后还要将观众的情感也调动起来，可能就需要更长的时间。

(三) 节奏长度

虽然单个镜头也有节奏的表达，但是影片节奏总体来说是一种更宏观的表现，就如生活与事物发展中的悲喜、哀乐、起伏、高低、强弱、快慢、明暗等这些不平衡的变化与转换，需要一定的时间积累才能体现出来。对影视作品而言，节奏指作品内容和形式的长短、起伏、轻重、缓急、张弛、动静等有规律的交替变化，从而给观众造成一种或激动或平静，或紧张或松弛的心理感觉。节奏长度一定要从整体和镜头的组接关系上来考虑。比如，在一个镜头段落里，单个镜头越长，镜头间的转换就越慢，节奏也就越慢；镜头越短，镜头间的转换就越快，节奏也就越快。节奏存在于一切表述思想的结构、形象、情节、语言之中，是创作的难点所在。影视作品创作节奏过于平缓，可能会让观众觉得无趣，而节奏过于激荡，可能又会令观众觉得紧张，做到张弛有度并不是一件容易的事。

第三节 拉片分析

一、整体把握

在决定拉片之前，要先完整地观看影片，再查阅资料，对影片的主题意义、情节结构、人物形象、场景设计等方面进行分析，从整体上把握影片的内容是进行拉片的基础。下面以张艺谋的电影《活着》为例来讲解拉片的流程。

(一) 主题意义

影片的主题是电影的灵魂和精华，也是人们为之迷恋的"精神家园"。通常人们理解的影片主题包括两个层次。第一，影片的内容或影片的作者力图表述的观点。电影作品的内容与主题，渗透和体现创作者的世界观、价值观，体现着创作者对生活的认识和情感，是创作者人生经历和情感的宣泄。第二，通过对电影的主题、立意及影片的整体视听形象表达，观众感悟到的内容。电影的最大魅力就是通过独特的故事宣扬一种极有意义的思想，折射出丰富的思想内涵，照耀和抚慰人们的心灵，从而提高和净化人们的精神境界。

电影《活着》（1994年）是张艺谋导演根据余华的同名小说《活着》（1992年）改编的。二者都讲述了主人公福贵跨越近40年的人生命运。小说用朴素的叙事手法展现了福贵活着的孤独：亲人相继去世，最后与一头老牛为伴；电影用黑色幽默剧的方式深刻诠释了在历史的浮沉中人活着的艰难，但通过福贵的孙子"馒头"告诉人们生命不可辜负，努力生活，日子总会越过越好，在揭露现实的同时又给予人无限希望，压抑与欢快两面皆触动人心。

了解影片的主题意义还不够。除了解作品外，还要了解创作者，了解自己。这些问题还需要进一步追问。①小说的创作者余华一贯的风格是什么？他想通过作品传达什么样的精神世界和情感效果？②导演张艺谋一贯的创作风格是什么？这部影片属于哪种类型的风格样式？③这部影片中哪一些情节、场景、细节对影片主题的表达有特别重要的作用？④人们在视觉上和心理上对影片有多大程度的认同和共鸣？⑤影片中的风格样式、叙事结构、造型风格、手段方法、影像效果、人物塑造，哪些最让人感兴趣？⑥对于这部影片，除大多数公众的意见外，还有什么不同的意见和看法？⑦影片最大的不足是什么？总之，重要的是，观看一部影片后，就要思考所感受、感悟到的形象、内容、情感和意义，要反复地、深入地分析这种理解和感受，解释对主题的认识、感受、理解的原因，有共鸣之处，也有分歧之处，同中求异往往是最终的归宿。

（二）情节结构

情节结构的分析主要是对电影叙事情节安排在排列方式上的整体分析。电影的创作规律研究表明，戏剧性结构的电影无非是无数件有因果关系、有内在联系的事件有机地、有目的地安排在一起，最终构成一种结局。无论怎样的结局，都会充满"因果关系""偶然关系""必然关系"和"戏剧关系"，都会有一种人为主观的因素。电影情节的推动，一般不依靠外部的力量，而着重依赖人物的动作和细节的设置。重视细节的强调、细节的重复，形成影片内在的结构、细节的日常化和形象化，对人物的塑造、情节的推进、风格的形成具有重要作用。

在电影《活着》中，通过皮影戏来推进叙事，是分析其情节结构的切入口。小说《活着》里面并没有皮影戏，将皮影戏引入电影是张艺谋的独创，运用道具符号是他的艺术风格之一。张艺谋将全剧划分成几个阶段，试图通过不同时代的皮影戏对福贵人生所起的作用不同，串联起整个影片的结构，成为全剧的灵魂。

影片一开始，主人公福贵还没有出场，皮影戏就出现在赌场的背景中，为人生如戏埋下了深深的伏笔。纨绔子弟福贵唱皮影戏，却不知其已经一步一步地落入了赌场老板和龙二设计的圈套，深陷危机。倾家荡产后的福贵，为了养家糊口，携带从龙二那里借来的一箱皮影，开始了四处奔波的流浪艺人生涯。电影中，张艺谋让福贵背着箱子奔波的镜头和皮影戏交相出现，模糊了皮影戏中人物和电影中人物的界限。福贵被国民党抓了壮丁，后又成了解放军的俘虏，成为为解放军演皮影戏的艺人，最后又幸运地回到家中，一家人得以团圆，还为自己增加了一段革命经历。在这一系列的变故中，福贵就像皮影戏中的人物，受人操纵，无法左右自己的命运，上演了一幕幕悲欢离合的场面。大炼钢铁运动中，导演把皮影戏演唱安排到炼钢工地，炼钢工地上大家正在热火朝天地炼钢，福贵在一旁卖力地演皮影戏，使两个热闹的场面融合在一起，象征着在这样的运动中，福贵和所有的人一样都身不由己。后来在"破除四旧"的年代，皮影无疑在"四旧"之列，应统统销毁。此时的皮影戏对福贵来说，已由原来的生存工具变成了人生的依恋，他带着那箱皮影经历了许多事情，皮影已成为他人生的见证，令他无法割舍。但为了生存，不惹上大麻烦，福贵只能忍痛将皮影烧掉。影片的最后，福贵将外孙的一窝小鸡放进皮影箱中，暖暖的阳光照进来，意味着一种生活的希望。皮影经历了历史兴衰与时代风云更迭，更见证了福贵一家在苍茫人生中的痛苦与挣扎，成为活着的隐喻。

（三）人物形象

电影中的"人物"，是通过演员的表演所呈现的"虚构"银幕形象，却是影片主题凸显、情节延展的符号载体，人物形象也是观众对影片产生认同的中介和纽带，一部影片是否成功，往往就看其中主要的人物形象塑造是否成功。人物形象塑造是演员形象表演、语言表演、动作表演等戏剧元素与景别、角度、光影、色彩等镜头元素共同作用而成的。

在《活着》这部影片中，由葛优扮演的福贵和由巩俐扮演的家珍是一对历经坎坷又坚强乐观的夫妻。福贵总是一副瘦弱的样子，佝偻着背，不时还露出憨憨的笑容，面对命运的浮浮沉沉，他总是逆来顺受；家珍朴实勤劳，又坚韧善良，是传统的中国妇女形象，总是以家为大、以孩子为大，但有庆和凤霞的离世让她不堪重击。"生的艰难"和"活的希望"通过这对夫妻40年人生历程呈现出来。

（四）场景设计

场景是影片叙事的基本载体和影片特定的空间环境，也是影片重要的造型元素。电影中的场景一般包括以下类型：①内景，也就是在摄影棚内专门为影片的拍摄搭建的人工场景；②外景，是大自然中自然景观的场景；③实景，是人类居住和活动的自然建筑的场景；④场地外景，是专门选定的自然环境中人工搭制的场景；⑤特技合成场景，是人工搭制的一种模型场景，要配合特技效果来实现；⑥计算机模拟场景，是由计算机技术创造的虚拟现实的场景环境。

电影《活着》多以外景、实景和场地外景为主，还原生活的原貌，承载影视的时空转换。导演张艺谋在每个历史时期选择一个有代表意义的场景，将福贵的人生与演皮影戏的经历这一明一暗两条线串起来。比如，第一个阶段，也就是故事开篇的20世纪40年代，故事开场，福贵在赌场败光家产，是其命运转折的起点，而福贵在赌场唱皮影戏这一段既展示了他败家子的形象，也暗示了他的性格特征。赌场的取景是天津的石家大院，这是清末天津"八大家"之一的"尊美堂"石府宅第，曾经鼎盛一时，是中国迄今保存最好、规模最大的晚清民宅建筑群之一，素有"津西第一宅"之称，张艺谋选择这里作为《活着》的开场。

二、镜头解剖

拉片过程是从一个个镜头分析开始的，解剖镜头首先要把每个独立的镜头放到影片的整体中分析，也要分析它们独立的镜头语言，主要包括镜头的景别、拍摄技巧、画面内容和声音，还需要分析镜头的拍摄机位、光影效果等，有时也可以将机位和光线融入拍摄技巧或者画面内容的分析。

1. 景别

正如前文所提到的，不同景别有不同的作用，一部影片中每个镜头使用什么景别，关系人物形象的塑造、叙事的风格，进而关系影片的整体节奏和主题意义的表达。景别的分析不应仅停留在个别镜头的分析上，更应该总结全片的景别使用规律。

2. 拍摄技巧

镜头的拍摄技巧主要是指固定镜头和运动镜头，也就是镜头的外部运动形式，也可以将导演调度时的机位设置放入拍摄技巧中加以分析。镜头的拍摄技巧主要引导观众的视角，也是画面形象引起观众心理共鸣的重要纽带。

3. 画面内容

画面内容主要包括画面的主体形象及其表情动作等视觉符号，也包括他们所处的画面空间。画面内容是最直观的屏幕形象，人物的衣着打扮、妆容仪表、一颦一笑、一举一动都是导演精心安排的，需要从整体到细节，仔细地观察和分析。

4. 声音

声音主要包括镜头的语言、音乐、音响等声音元素。其中最重要的是人物的对话，对话是一个相对独立的叙事手段和方法，它所传递的故事信息常常有不可替代的作用。一部影片中，人物的对话非常关键，是掌握故事情节和人物命运的重要细节。对话对人物情感的表达、性格的凸显作用胜过影片的情节和人物动作，因此要分析人物的语言及其背后的情绪因素，如语调、语气等。同时，对话也对影片节奏的形成起到重要作用，往往形成故事的高潮。

三、拉片记录单

拉片的过程和结果都需要用文字的方式记录下来，可以使用表格的方式，也就是填写拉片记录单。拉片记录单没有固定统一的格式，一般需要将镜头序号、场景、画面的截图、镜头的景别和拍摄技巧、画面的内容和声音一一记录下来，最重要的是对镜头的阐述——将镜头置于影片整体，分析其对主题意义、人物形象、影片风格等形成的意义。

第三章

数字视频图像处理基础

第一节 数字图像

一、视觉感知

(一) 人眼的构造

眼睛的形状近似于一个圆球，其平均直径大约为20毫米。有三层薄膜包围着眼睛，即眼角膜和巩膜组成的外壳、脉络膜和视网膜。角膜是一种硬而透明的组织，覆盖着眼睛的前表面。与角膜相连的巩膜是一层包围着眼球其余部分的不透明膜。脉络膜位于巩膜的下面，这层膜包含有血管网，它是眼睛的重要滋养源，如果脉络膜表面损害有可能使眼睛受到严重损害。脉络膜外壳着色很重，因此有助于减少进入人眼内的外来光和眼球内反向散射光的数量。在脉络膜的最前面分为睫状体和虹膜。虹膜的收缩和扩张控制着进入眼睛的光量。虹膜中间开口处（瞳孔）的直径是可变的，范围在2~8毫米。虹膜的前部有眼睛的可见色素，而后部则有黑色素。

晶状体由同心的纤维细胞层组成，并由附在睫状体上的纤维悬挂着。晶状体包含60%~70%的水、6%的脂肪和比眼睛中任何其他组织都多的蛋白质。晶状体由稍黄的色素着色，其颜色随着年龄的增加而加深。晶状体吸收大约8%的可见光谱，对短波长光有较高的吸收率。在晶状体结构中，蛋白质吸收红外光和紫外光，吸收过量时会伤害眼睛。

眼睛最里面的膜是视网膜，它布满了整个后部的内壁。当眼球适当聚焦时，来自眼睛外部的光在视网膜上成像。视网膜表面分布的分离光接收器提供了图案视觉。这种光接收器分为两类：锥状体和杆状体。每只眼睛的锥状体数为600万~700万个。它们主要位于视网膜的中间部分，称为中央凹，且对颜色灵敏度很高。通过这些锥状体，人们可以充分分辨图像细节，因为每个锥状体都连接到自身的神经末端。肌肉控制眼球转动，直到感兴趣的物体图像落到中央凹上，锥状视觉称为白昼视觉或亮光视觉。

杆状体数目更多，有 7 500 万~15 000 万个杆状体分布在视网膜表面。由于分布面积较大而且几个杆状体连接到一个神经末端，因此减少了这些接收器感知细节的数量。杆状体用来给出视野内一般的总体图像。它们没有彩色感觉，而在低照明度下对图像较敏感。例如，在白天呈现鲜明色彩的物体，在月光下都没有颜色，因为此时只有杆状体受到刺激，这个现象就是夜视觉，或称为暗视觉。

(二) 眼睛中图像的形成

眼睛的晶状体和普通光学透镜之间的主要差别在于前者的适应性强。晶状体前表面曲率半径大于后表面的曲率半径。晶体状的形状由睫状体韧带和张力来控制。为了对远方物体聚焦，控制肌肉使晶状体相对比较扁平。同样，为对眼睛近处的物体聚焦，肌肉会使晶状体变得较厚。当晶状体的折射能力由最小变到最大时，晶状体的聚焦中心与视网膜间距离由 17 毫米缩小到 14 毫米。当眼睛聚焦到远于 3 米的物体时，晶状体的折射能力最弱。当眼睛聚焦到非常近的物体时，晶状体的折射能力最强。根据这一信息便很容易计算出任何图像在视网膜上形成图像的大小。

(三) 人眼的感光机理

根据人眼生理结构与感光特点可知，人眼的感光过程大致可以分为四个步骤。

第一步，景物经过晶状体聚焦于视网膜形成"光象"。视网膜上各点光敏细胞受到不同强度的光刺激，锥状细胞和杆状细胞中的视紫蓝质和视紫红质受光照后发生化学变化。

第二步，因上述光学变化使视网膜上点产生与光照度成正比的点位，即在视网膜上将"光象"变成"电位象"。

第三步，视网膜上各点的视觉细胞分别促使其所对应的视神经放电，放电电流是振幅恒定而频率随视网膜电位大小变化的电脉冲，简言之，视神经将视网膜感受的"电位象"按频率编码的方式传送给视觉皮质。

第四步，视觉皮质通常接收到多达 200 万个频率编码的电脉冲信号，将它们分别存入视网膜光敏细胞相对应的细胞特殊表面中，再进行综合图像信息处理使人产生视觉，看到景物的图像。

视觉是信息量最大的收集系统，自然界的事物通过视觉神经的感觉、传导并刺激大脑产生认知、识别，从而形成了具有线条、形状、明暗、色彩等外在空间表象的记忆。随着通过对事物感觉、认知的不断重复加深、量化比较，于是便有了该事物大小、空间位置、运动速度、产生过程等相对固定的印象。

广义上，图像就是所有具有视觉效果的画面，它可以由光学设备获取，如照相机、镜子、望远镜和显微镜等，包括照片、电视或计算机屏幕上的图像；也可以人为创作，如手工绘画等。图像可以记录保存在纸质媒介、胶片等对光信号敏感的介质上。

图像根据记录方式的不同，可分为两大类：模拟图像和数字图像。模拟图像可以通过某种物理量（如光、电等）的强弱变化来记录图像亮度信息，如模拟电视图像。而数字图像则是用计算机存储的数据来记录图像上各点的亮度信息，随着数字采集技术和信号处理理论的发展，越来越多的图像以数字形式存储。因而，在有些情况下，"图像"一词实际上是指数字图像。

二、数字图像的概念

（一）数字图像定义

数字图像又称数码图像或数位图像，是以二维有限数字数值像素形式表示的图像，由数组或矩阵表示数字图像是由模拟图像数字化得到的、以像素为基本元素的、可以用数字计算机或数字电路存储和处理的图像。

获取数字图像主要通过以下几个途径。

（1）使用扫描仪设备扫描自然存在的照片、图画等图像，输入计算机内形成数字图像文件。

（2）使用数码相机拍摄自然景象得到数字图像，数码相机会把拍摄得到的数字图像以文件方式存放在它的存储器中。

（3）使用数码摄像机捕捉图像，数码摄像机主要用来捕获视频信息，但可以选择其中的一个画面保存成数字图像。

（4）使用屏幕拷贝功能，可以把机器当前显示的内容保存成数字图像。

（5）购买使用图像光盘或互联网上的资源，使用制作好的数字图像文件。

（6）使用画图程序，比如，Windows系统自带的画笔程序、专业的Photoshop图像处理软件等来创作数字图像。

数字图像是由按一定间隔排列的，亮度不同的像点构成的，其光照位置和强度都是离散的。形成像点的最小单位称为图像元素，简称像素，像素是组成图像的最小单位，也是用点阵方式描述图像的最小单位，虽然像素是描述点阵的最小单位，具有固定的形状，但却不具有固定的尺寸，从计算机的角度来解释，像素是硬件和软件所能控制的最小单位，它指显示屏的画面上表示出来的最小单位,而不是图画上的最小单位。

(二) 图像的分类

1. 按图像信号的传输方式分类

按图像信号的传输方式分类,分为模拟图像和数字图像。

(1) 模拟图像。一般用 $f(x,y)$ 来表示,其中 x 和 y 取连续信号。

(2) 数字图像。一般用 $f(m,n)$ 来表示,m 和 n 一般取离散的值。

2. 按图像的存在形式分类

按照图像的存在形式分类,分为实际图像和抽象图像。

(1) 实际图像。如用相机所拍摄到的照片等。

(2) 抽象图像。指实际图像在存储时用数学函数来表示,如 $f(x,y)$,$f(m,n)$。

3. 按光谱特性分类

按光谱特性分类,分为二值图像、灰度图像和彩色图像。

(1) 二值图像。在二值图像中它每个像素点的值要么是 0,要么是 1,即黑和白,所以它称为二值图像。

(2) 灰度图像。灰度数字图像是每个像素只有一个采样颜色的图像。这类图像通常显示为从黑色(最暗)到白色(最亮)的灰度,尽管理论上这个采样可以是任何颜色的不同深浅,甚至可以是不同亮度上的不同颜色。灰度图像与黑白图像不同,在计算机图像领域中黑白图像只有黑白两种颜色,灰度图像在黑色与白色之间还有许多级的颜色深度。

(3) 彩色图像。彩色图像指每个像素的信息由 RGB 三原色构成的图像,它分别用红(R)、绿(G)、蓝(B)三原色组合来表示每个像素的颜色,给每个像素都赋予了不同的颜色分类方式。

4. 按图像随时间变化分类

按图像是否随时间的变化而进行分类,分为视频图像和静止图像。

(1) 视频图像。为活动图像,即视频中的每帧图像都是随时间变化的。

(2) 静止图像。静止图像就是平常所说的单张图像。

(三) 数字图像的尺寸

和普通的图像不同,数字图像的尺寸指的是图像总的像素数,指有多少行、多少列,即长与宽分别有多少像素。在数码相机中,常用多少万像素表示图像的尺寸。数字图像的另一个概念是分辨率,即单位长度上的像素数,用"dpi"来表示。"dpi"这个概念最早是印刷上的计量单位,意思是每英寸所能印刷的网点数,但随着数字输入、输出设备的快速发展,许多人也将数字影像的解析度用"dpi"表示。因此，图像在屏幕上显示时，用"ppi"（每英寸的像素数）表示。

图像总的像素数和"dpi"可以说明一幅图像打印输出的图像大小和质量。如一幅DVD视频的截图尺寸为1 024像素×768像素，用300 dpi的分辨率打印，其打印出的图像大小为3.41英寸×2.56英寸，约8.66厘米×6.5厘米。

（四）数字图像文件的大小

图像文件的大小用计算机存储的基本单位字节（Byte）来度量。一个字节由八个二进制位（bit）组成，因此，一个字节的计数范围在十进制中为0~255，共256个数，不同色彩模式的图像中每个像素所需要的字节数不同，灰度图像中的每个像素由一个字节数值表示；RGB图像中的每个像素的颜色由三个字节（24位）组成的数值表示；CMYK图像中的每个像素由四个字节（32位）组成的数值表示。一个具有720像素×576像素的图像，不同模式下其文件大小计算如下。

灰度图：720像素×576像素×1 Byte＝414 720 Byte≈415kB

KGB图像：720像素×576像素×3 Byte＝1 244 160 Byte≈1 245kB

CMYK图像：720像素×576像素×4 Byte＝1 658 880 Byte≈1 659kB

（五）图像分辨率

图像分辨率指图像表达景物细节的能力，分辨率的单位是点或长度的单位。例如，250 dpi（ppi）表示该图像每英寸含有250个点（像素）。在Photoshop中也可以用厘米为单位来计算分辨率，不同的单位所计算出来的分辨率结果是不同的。一般情况下，如果没有特殊说明，就以英寸为单位来计算。一幅图像在空间上的分辨率与其包含的像素个数成正比，像素个数越多，图像的分辨率越高，也就越有可能看出图像的细节。

在数字化的图像中，分辨率的大小直接影响图像的质量。分辨率越高图像自然越清晰，但产生的文件也越大，处理时间也越长，对设备的要求也就越高。所以，在制作图像时可根据需要来选择分辨率。

另外，图像的尺寸、图像的分辨率和图像文件的大小三者之间有着很密切的联系。图像的尺寸越大，图像的分辨率就越高，图像文件也就越大。调整图像的大小和分辨率即可以改变图像文件的大小。图像分辨率在不同的环节中，以不同的形式存在。在成像设备、打印设备和显示时，分别被赋予了不同的含义。分辨率指在单位长度内所含有的点（像素）的多少，分辨率可以分为以下几种类型。

1. 设备分辨率

设备分辨率，就是每单位输出长度所代表的点数和像素，它是不可以更改的，每个设备都有一个固定的分辨率。

2. 输出分辨率

输出分辨率指打印机、扫描仪等设备在输出图像时每英寸所产生的点数。

3. 屏幕分辨率

屏幕分辨率指打印灰度图像或彩色图像时所用的网屏上每英寸的点数，它以每英寸上有多少行来衡量。

4. 位分辨率

位分辨率又叫作位深，用来衡量每个像素存储的信息位数。该分辨率决定图像的每个像素中存放的颜色信息，这种分辨率决定可以标记为多少种色彩等级的可能性，一般常见的有 8 位、16 位、24 位或 32 位色彩。有时也将位分辨率称为颜色深度。所谓"位"，实际上指 2 的幂次方次数，8 位即是 2 的八次方，也就是 8 个 2 相乘，等于 256。一幅 8 位色彩深度的图像，所能表现的色彩等级是 256 级。

三、数字图像的统计特性

（一）灰度直方图

1. 直方图的概念

直方图是一种二维统计图表，它的两个坐标分别是统计样本和该样本对应的某个属性的度量。在计算机图像学领域中，常用灰度直方图反映一幅图像中各灰度级与各灰度级像素出现的频率之间的关系。灰度直方图是灰度级的函数，描述的是图像中具有该灰度级的像素的个数，其横坐标是灰度级，纵坐标是该灰度出现的频率（像素个数）。它是图像的重要特征之一，反映了图像灰度的分布情况。具体地说，在一张图片的直方图中，横轴代表的是图像的亮度，由左向右，从全黑逐渐过渡到全白；纵轴代表的则是图像中处于这个亮度范围的像素相对数。对图像的直方图进行调整，可以控制图像的明暗变化。

2. 直方图的性质

灰度直方图只能反映图像的灰度分布情况，而不能反映图像的位置，即丢失了像素的位置信息。任意一幅图像对应唯一的灰度直方图，但不同的图像可能对应相同的灰度直方图。图像与灰度直方图之间是一种一对多的映射关系。由于直方图是对具有相同灰度值的像素统计得到的，因此，对于一幅分成了多个区域的图像，各区域的直方图之和即为原图像的直方图。

3. 灰度直方图的应用

灰度直方图对于数字图像来说具有重要意义，很多增强操作可基于直方图直接进行，实际工作中，直方图的应用主要有以下三个方面。

第一，灰度直方图用于判断图像量化是否恰当。其给出了一个直观的指标用来判断一幅数字化图像量化是否合理地利用了全部的灰度范围。一般来说，数字化获取的图像应该利用全部可能的灰度级。图像数字化时利用灰度直方图实施检查是一个有效的方法。灰度直方图的快速检查，可以使数字化中产生的问题尽早地暴露出来，以免浪费大量成本。

第二，灰度直方图用来确定图像二值化的阈值。用最合适的技术来选择灰度阈值对图像二值化是图像处理中讨论最多的一个课题。

图像的二值化处理就是将图像上的点的灰度值设为 0 或 255，也就是将整个图像呈现出明显的黑白效果。即将 256 个亮度等级的灰度图像通过适当的阈值选取而获得仍然可以反映图像整体和局部特征的二值化图像。在数字图像处理中，二值图像占有非常重要的地位，特别是在实用的图像处理中，以二值图像处理实现而构成的系统是很多的，要进行二值图像的处理与分析，首先要把灰度图像二值化，得到二值化图像，这样有利于在对图像做进一步处理时，图像的集合性质只与像素值为 0 或 255 的点位置有关，不再涉及像素的多级值，使处理变得简单，而且数据的处理和压缩量小。为了得到理想的二值图像，一般采用封闭、连通的边界定义不交叠的区域，所有灰度大于或等于阈值的像素被判定为属于特定物体，其灰度值为 255 表示，否则这些像素点被排除在物体区域以外，灰度值为 0，表示背景或者例外的物体区域。

如果某特定物体在内部有均匀一致的灰度值，并且其处在一个具有其他等级灰度值的均匀背景下，使用阈值法就可以得到比较明显的分割效果。如果物体同背景的差别表现不在灰度值上（比如纹理不同），可以将这个差别特征转换为灰度的差别，然后利用阈值选取技术来分割该图像。动态调节阈值实现图像的二值化可动态观察其分割图像的具体结果。

第三，基于统计信息的计算。当物体某部分的灰度值比其他部分灰度值大时，可利用灰度直方图统计图像中物体的面积并且计算图像信息量 H（熵）。

（二）亮度

亮度指图像中明暗程度的平衡，决定明暗色调的强度，亮度变化是对图像的所有像素或选定像素的灰度值都增加或减少一定的大小，图像表现为变亮或变暗，灰度值的变化范围为[0,255]。当灰度值大到 255、小到 0 时，图像就不再变化。当对图像做亮度变化时，可以看到图像的灰度直方图向左或向右平移。

(三) 对比度

对比度指的是一幅图像中明暗区域之间不同亮度层级的测量，即指一幅图像亮度反差的大小。直方图可以反映图像的对比度。较宽的直方图反映图像的高对比度，色调范围大，层次感较强；较窄的直方图反映图像的低对比度，色调范围小，层次感较低，画面比较单调。对比度的高低与物体本身及光线条件有关，雨雾天拍摄的照片对比度较低，而光线充足的条件下，拍摄照片的对比度较高。

对比度能反映出图像丰富的细节信息，给人以视觉上的冲击力，高对比度的图像中，画面看起来比较有层次感，立体感比较强。

四、数字图像的色彩表示

(一) 色彩基础

白光是由多种光谱成分组成的，包括不可见的光谱成分和可见光谱成分，而人眼能感受到其中的可见光谱成分。在中学的物理课中的棱镜实验，白光通过棱镜后被分解成多种颜色逐渐过渡的色谱，颜色依次为红、橙、黄、绿、青、蓝、紫，这就是可见光谱。当光线照射到物体表面上，物体选择性地吸收和反射一部分光线，反射光线进入人眼时，人类视觉系统就会产生物体的颜色感知。

颜色是外界光刺激作用于人的视觉器官而产生的主观感觉，颜色分为两大类：非彩色和彩色。非彩色指黑色、白色和介于这二者之间深浅不同的灰色，也称为无色（消色）系统；彩色指除非彩色外的各种颜色。

在人的视觉系统中存在着杆状细胞和锥状细胞两种感光细胞。杆状细胞是暗视器官，锥状细胞是明视器官。锥状细胞将电磁光谱的可见部分分为红、绿、蓝三个波段。国际照明委员会（CIE）早在1931年就规定三种基本色的波长分别为红（R）700纳米，绿（G）546.1纳米，蓝（B）435.8纳米。红、绿、蓝三种颜色被称为三基色或三原色。

1. 三原色、三补色

如果一个物体对有限的可见光谱范围反射，则物体呈现出某种色彩。人眼对红、绿、蓝最为敏感，人的眼睛就像一个三色接收器的体系，大多数的颜色可以通过红、绿、蓝三色按照不同的比例合成产生。同样，绝大多数单色光也可以分解成红、绿、蓝三种色光。这是色度学的最基本原理，即三基色（三原色）原理。三基色是这样三种颜色，它们相互独立，其中任一色不能由其他二色混合产生，它们又是完备的，即所有颜色均可以由三基色按不同比例混合产生。任何颜色都可以由 R、G、B 三基色产生，但不局限于仅由 R、G、B 三基色产生。

三补色是三原色当中任何的两种原色以同等比例混合调和而形成的颜色，又叫二次色，它是由三原色调配出来的，颜色是由两种原色按照 1∶1 调配出来的。红与绿调配出黄，红与蓝调配出品红，绿与蓝调配出青。黄、品红、青三种颜色叫作三补色。它们分别又称为蓝、绿、红三原色的补色。在调配时，由于原色在分量上多少有所不同，还可以产生丰富的间色变化，以合适的亮度把三原色相混合可产生白光。

光原色与颜料（或色剂）之间有很大的区别，颜料三原色被定义为一种原色为减去或吸收光的一种颜色并反射或传输另外两种颜色，因此颜料的三原色（也称一次色）是品红（白减去绿）、青（白减去红）、黄（白减去蓝），而二次色，则是红（品红加黄）、绿（黄加青）、蓝（品红加青）。

2. 色彩的三要素

日常生活中人们感知或描述某种颜色时，并不常用 RGB 三分量。一般是明度、色相和纯度（饱和度）更符合人的习惯。明度即亮度表征色彩的明亮程度；色相是混合光谱中与主波长相关的属性，表示观察者感觉到的主要颜色；饱和度则是度量颜色纯净程度的标准，纯光谱是完全饱和的，随着白光的加入饱和度逐渐降低。

明度、色相和饱和度被称为色彩的三要素，它表示了一个颜色的基本趋向。

明度表示颜色的明亮程度，和具体颜色无关，用于衡量一种颜色中的光强度，通常用 0（黑）到 100%（白）来度量。不同颜色可以具有相同的亮度。人们常说的亮红色和暗红色就指不同亮度的红色。

色相，顾名思义即各类色彩的相貌称谓，即色彩的颜色如大红、普蓝、柠檬黄等。调整色相就是在多种颜色中进行变化。不同波长的可见光具有不同的颜色，而众多波长的光以不同比例混合可以形成各种各样的颜色，但只要波长组成情况一定，那么颜色就确定了。色相是色彩的首要特征，是区别各种不同色彩的最准确的标准。事实上，任何黑、白、灰以外的颜色都有色相的属性，而色相也就是由原色、间色和复色来构成的。

饱和度又称为纯度。主要指色彩的鲜艳程度，也称色彩的纯度。饱和度取决于该色中含色成分和消色成分（灰色）的比例。含色成分越大，饱和度越大；消色成分越大，饱和度越小。可见光谱中的单色光是最纯的颜色，饱和度也最高。当在颜色中掺入黑色或白色时，饱和度就会发生变化。比如，饱和度为零是白色，而最大饱和度是最纯的颜色。黑、白、灰这类图像没有饱和度。

3. 色阶和色调

数字图像表现亮度强弱的能力是有限的，一幅图像最多只能有若干个离散的亮度等级，常用色阶衡量每个等级的亮度值大小。应注意色阶指亮度，和颜色无关。

最小色阶代表黑色，最大色阶代表白色。例如，8位深的图像，只能显示256个亮度值，色阶从 0~255，色阶为 0 时表示黑色，色阶为 255 时表示白色。

统计图像中每个色阶的像素总数构成色阶直方图。通过调整色阶直方图能很好地增强图像。如增加对比度、阴影区和高亮区，还能校正图像的色调范围和色彩平衡。

色调是对一幅图像的整体颜色的概括评价或图像的色彩外观基本倾向。在明度、纯度、色相这三个要素中，某种因素起主导作用，就称为某种色调。

一幅图像虽然用了多种颜色，但总体有一种倾向，是偏蓝或偏红，是偏暖或偏冷，等等。这种颜色上的倾向就是一幅图像的色调。色调一般分为暖色调与冷色调。红色、橙色、黄色为暖色调，象征着太阳、火焰；蓝色、紫色为冷色调，象征着森林、大海、蓝天；绿色、黑色、白色为中间色调。

(二) 常见的图像色彩模式

图像的色彩模式是很重要的，因为色彩模式决定显示和打印电子图像的色彩模式，简单地说，色彩模式是用于表现颜色的一种数学算法，即一幅数字图像用什么样的方式在计算机中显示或打印输出。

在常用的图像和图形处理软件中，常见的色彩模式有 RGB（红、绿、蓝）色彩模式、HSB（色相、饱和度、亮度）色彩模式、CMYK（青、品红、黄、黑）色彩模式、Lab 模式、索引色模式、多通道模式以及 8 位/16 位模式等，每种模式的图像描述和重现色彩的原理及所能显示的颜色数量都是不同的，色彩模式除确定图像中能显示的颜色数外，还影响图像的通道数和文件大小。在如此多的色彩模式中，RGB 模式和 CMYK 模式是最重要和最基础的，其余的色彩模式在实际显示时都需要转换为 RGB 模式，在打印或印刷的时候都需要转换为 CMYK 模式。下面对各种色彩模式分别加以介绍。

1. RGB 模式

图像中每个像素的颜色值分别由红（R）、绿（G）、蓝（B）三原色的组合来表示，并直接存放在图像矩阵中。这是一种基于自然界中三种基色光的混合原理，将红（R）、绿（G）、蓝（B）三种基色按照从 0（黑）到 255（白）的亮度值在每个色彩通道中分配，从而指定其色彩。

在 RGB 彩色模式中，所表示的图像由 3 个图像分量组成，每个分量图像都是其原色图像。当送入 RGB 监视器时，这三幅图像在荧光屏上混合产生一幅合成的彩色图像。在 RGB 空间中，用以表示每个像素的比特数叫作像素深度。RGB 图像中每幅红、绿、蓝图像都是一幅 8 比特图像，在这种条件下，每个 RGB 彩色像素（R 值，G 值，B 值）三个一组，都有 24 比特深度（3 个图像平面乘以每个平面比特数）。全彩色图像用来定义 24 比特的彩色图像，在 24 比特的 RGB 图像中，能显示出的颜色的总数是 $(2^8)^3 = 16\ 777\ 216$。当三种基色的亮度值相等时，产生灰色；当三种基色亮度值都是 255 时，产生白色；当三种基色亮度值都是 0 时，产生黑色。三种色光混合生成的颜色一般比原来的颜色亮度值高，所以，RGB 模式产生颜色的方法又被称为色光加色法。

RGB 颜色空间最常用的用途就是显示器系统，彩色阴极射线管、彩色光栅图形的显示器都使用 R、G、B 数值来驱动 R、G、B 电子枪发射电子，并分别激发荧光屏上的 R、G、B 三种颜色的荧光粉发出不同亮度的光线，并通过相加混合产生各种颜色；扫描仪也是对原图像经反射或透射而发送来的光线中的 R、G、B 成分，并用它来表示原图像的颜色。RGB 色彩空间被称为与设备相关的色彩空间，因为不同的扫描仪扫描同一幅图像，会得到不同色彩的图像数据；不同型号的显示器显示同一幅图像，也会有不同的色彩显示结果。

2. HSI（HSB）模式

HSI（HSB）模式中，H（Hue）表示色相、S（Saturation）表示饱和度、I（Intensity）或 B（Brightness）表示亮度。HSI（HSB）模式是基于人眼对色彩的观察来定义的，在此模式中，所有的颜色都用色相、饱和度、亮度三个特性来描述。

3. CMYK 模式

CMYK 模式通常被用在打印应用中，是一种印刷模式，使用四种基色定义一个颜色。四种基色为青（Cyan）、洋红（Magenta）、黄（Yellow）和黑（Black），在印刷中 C、M、Y、K 代表四种颜色的油墨。CMYK 色彩模式在本质上与 RGB 模式没有什么区别，只是产生色彩的原理不同。CMYK 是一种减色模式。在 RGB 模式中，由光源发出的色光混合生成颜色，也就是一种屏幕显示发光的色彩模式。而在 CMYK 模式中用于印刷品依靠反光的色彩模式在印刷品上，不同比例的 C、M、Y、K 混合成千上万种颜色。

青、品红、黄三色是印刷三原色，三种颜色理论上可以混合出黑色，但是现实中由于生产技术的限制，油墨纯度不够，混合出的黑色会是灰色的，因此需要提纯的黑色加以混合。在 CMYK 模式中，黑色（K）被称为关键色。

尽管 CMYK 是出版印刷行业中的一种重要色彩模型，但是它在数码摄影中使用得并不广泛。虽然喷墨打印机在物理上是 CMYK 打印机，但是它们提供给用户的是 RGB 界面，RGB 向 CMYK 转换的工作是由打印机驱动程序进行的。

4. Lab 模式

Lab 模式的原型是由国际标准照明协会（CIE）在 1931 年制定的一个衡量颜色的标准，Lab 模式既不依赖光线，也不依赖于颜料，它是 CIE 组织确定的一个理论上包括了人眼可以看见的所有色彩的色彩模式。

Lab 模式弥补了 RGB 和 CMYK 两种色彩模式的不足。RGB 在蓝色与绿色之间的过渡色太多，绿色与红色之间的过渡色又太少，CMYK 模式在编辑处理图片的过程中损失的色彩则更多，而 Lab 模式在这些方面都有所补偿。

Lab 模式由三个通道组成，一个通道是明度，即 L，L 表示亮度（Luminosity），取值范围是 0~100；A 表示从洋红色（高亮度值）到灰色（中亮度值）再到深绿色（低亮度值）的光谱变化；B 表示从黄色（高亮度值）到灰色（中亮度值）再到深蓝色（低亮度值）的光谱变化，A 和 B 的取值范围均为：-120~120，Lab 色彩模式除具有上述不依赖于设备的优点外，还具有它自身的优势——色域宽阔。Lab 色彩模式不仅包含了 RGB、CMYK 的所有色域，还能表现它们不能表现的色彩。人的肉眼能感知的色彩，都能通过 Lab 模式表现出来。另外，RGB 模式在蓝色到绿色之间的过渡色彩过多，在绿色到红色之间又缺少黄色和其他色彩，而 Lab 色彩模式的绝妙之处还在于它弥补了 RGB 色彩模式色彩分布不均的缺点。

Lab 模式所定义的色彩最多，且与光线及设备无关，并且处理速度与 RGB 模式同样快，比 CMYK 模式快很多。因此，可以任意在图像编辑中使用 Lab 模式。而且，Lab 模式在转换成 CMYK 模式时色彩没有丢失或被替换。因此，最佳避免色彩损失的方法是应用 Lab 模式编辑图像，再转换为 CMYK 模式打印输出。

当将 RGB 模式转换成 CMYK 模式时，Photoshop 自动将 RGB 模式转换为 Lab 模式，再转换为 CMYK 模式。

在表达色彩范围上，处于第一位的是 Lab 模式，第二位的是 RGB 模式，第三位是 CMYK 模式。

5. 位图模式

位图模式用两种颜色（黑和白）来表示图像中的像素，位图模式的图像也被称为黑白图像。因为其深度为1，又称为一位图像。由于位图模式只用黑、白两种颜色来表示图像的像素，在将图像转换为位图模式时会丢失大量细节。因此，Photoshop 提供了几种算法来模拟图像中丢失的细节。在宽度、高度和分辨率相同的情况下，位图模式的图像尺寸最小，约为灰度模式的 1/7 和 RGB 模式的 1/22。

6. 灰度模式

灰度模式可以使用多达 256 级灰度来表现图像，使图像的过渡更平滑、细腻。灰度图像的每个像素有一个 0（黑色）到 255（白色）之间的亮度值。灰度值也可以用黑色油墨覆盖的百分比来表示（0 是白色，100% 是黑色）。使用灰度扫描仪产生的图像常以灰度模式显示。

五、图像信号的数字化

通常意义下的图像是光强度的分布，是空间坐标 x、y、z 的函数，如 $f(x,y,z)$。如果是一幅彩色图像，各点值还应反映出色彩变化。即用 $f(x,y,z,\lambda)$ 表示，其中 λ 为波长。假如是活动彩色图像，还应是时间的函数，可表示为 $f(x,y,z,\lambda,t)$，人眼所感知的景物一般是连续的，称之为模拟图像。对模拟图像来说，$f(x,y,z,\lambda,t)$ 是一个非负的连续的有限函数，也就是 $0 \leq f(x,y,z,\lambda,t) < \infty$）。模拟图像的连续性包含了两方面的含义，即空间位置延续的连续性，以及每个位置上光强度变化的连续性。连续的模拟图像无法用计算机进行处理，也无法在各种数字系统中传输或存储，所以必须将代表图像的连续（模拟）信号转变为离散（数字）信号，这样的变换过程称其为图像信号的数字化。

图像信号的数字化的过程一般包含三个方面：采样、量化和编码。

1. 采样

图像在空间上的离散化过程称为采样、取样或抽样，被选取的点称为采样点、抽样点或样点，这些采样点也称为像素。在采样点上的函数值称为采样值、抽样值或样值，采样就是在空间上用有限的采样点来代替连续无限的坐标值。一幅图像应取多少采样点才能够完全由这些采样点来重建原图像呢？采样点取得过多，增加了用于表示这些采样点的信息量；如果采样点取得过少，则有可能会丢失原图像所包含的信息。所以最少的采样点数应该满足一定的约束条件：由这些采样点，采用某种方法能够完全重建原图像。实际上，这就是二维采样定理的内容。

2. 量化

对每个采样点灰度值的离散化过程称为量化。即用有限个数值来代替连续无限多的灰度值。常见的量化可分为两大类，一类是将每个样值独立进行量化的标量量化方法，另一类是将若干样值联合起来作为一个矢量来量化的矢量量化方法。在标量量化中按照量化等级的划分方法不同，又分为两种，一种是将样点灰度值等间隔分档，称为均匀量化；另一种是不等间隔分档，称为非均匀量化。

3. 编码

经过采样，连续图像实现了空间的离散化；经过量化，样点的连续灰度值实现了量值的离散化。离散后有限的灰度量可以用二进制或多进制的数字表示。这种表示就是"编码"：用特定的符号来表示离散的量值。最常见的编码方法就是自然二进制编码，如十进制的 0、1、2、3……或二进制的 000、001、010、011……

值得注意的是，量化本来指对连续样值进行的一种离散化处理过程，无论是标量量化还是矢量量化，其对象都是连续值。但在实际的量化实现时，往往是首先将连续量采用足够精度的均匀量化的方法形成数字量，也就是通常所说的 PCM 编码（几乎所有的 A/D 变换器都是如此），再根据需要，在 PCM 数字量的基础上实现均匀、非均匀或矢量量化。

六、数字图像的采集设备

（一） 数码相机

数码相机即数字照相机，是用光电转换的方法来进行照片拍摄的。数码相机和传统相机的最大区别在于它用 CCD 或 CMOS 光电转换器件代替了感光胶片，因此，其 CCD 的分布密度就很大程度上决定了数码相机的分辨率。目前好的数码相机的分辨率已经超过普通的胶片相机，从 1 024×768 到 2 036×3 060，再到 4 592×3 056，甚至更高，价格也从上万元降至千元以下。衡量数码相机分辨率的一个更为普及的参数就是每张照片的像素数，如每张照片 500 万像素。目前普及型的数码相机已经达到 2 000 万像素的水平。

为了节省数码照片的数据量，减少存储空间，数码相机内部都带有高速图像处理芯片，将拍摄的照片及时进行压缩存储，压缩的方法大多数采用 JPEG 静止图像压缩标准，压缩率在几倍到几十倍、上百倍之间，根据用户的要求进行设定。由于数码相机采用了图像处理芯片，除对照片进行压缩处理外，数码相机还可以承担其他的一些图像处理工作，如电子画面伸缩、防抖动处理、自动聚焦、彩色平衡处理、短时间摄像、人脸识别等。

与传统相机一样，数码相机也是由镜头、快门和光圈组成，只不过传统相机是将影像存放到感光胶片上，而数码相机是将影像保存到其所带的内存或可以插拔的存储卡上（也可以转移到硬盘或光盘上）。普通数码相机操作十分容易，不需要特别设定和调校。当拍摄照片时，可以从数码相机附带的小型液晶显示器上观察效果，按下快门以后，拍摄的照片就和刚才在显示器上看到的一样，并存储在数码相机的存储器内。随后可以将数码相机连接到计算机或电视上，应用相应的软件即可将这些照片存储起来或在显示器上观看，数码照片数据还可供打印、调用、传输等使用，也可以和普通照片一样将它们"冲洗"出来获得硬拷贝。由于数码相机的便携性，其发展的速度非常快，在一般的摄影领域，它已经基本取代了普通的胶片相机。近年来，已经将数码相机作为一个功能部件集成到手机上，成为照相手机。品质较好的照相手机的分辨率已经达到500万~800万像素，使得人们利用照相手机可以轻易获得较为满意的照片。

（二）彩色扫描仪

扫描仪的主要作用是将纸质、胶片等介质上的图像、图形或文字采集下来，进行数字化处理以后通过和计算机的接口送到计算机存储、显示或处理。因此，扫描仪是一种静止画面的采集设备，为计算机提供数字化的静止图像信号。大部分扫描仪本身还具有图像压缩功能，如输出经JPEC标准压缩后的图像数据，以减少图像输出的数据量。

扫描仪是集光、机、电于一体的产品，它的核心部件是CCD，CCD主要完成光电转换。除CCD外，它的组成部分还有光源、透镜、A/D转换、信号处理电路及机械传动机构。扫描时，从光源发出的光照在图片上，光电转换器CCD接收从图片反射回来的光，并把它转换为模拟电信号，经过A/D转换，变成数字信号送给计算机。被扫描的图像不同，反射光的强弱和颜色就不同，因而就可得到不同颜色和灰度的图像。

常见的彩色扫描仪是利用一个白色光源和一个可旋转的红、绿、蓝三色滤色片，分别产生三色光源，经过3次扫描，每次分别得到待输入原稿中的红、绿、蓝色成分，再经过红、绿、蓝3基色套色合成为RGB彩色图像数据，每次扫描过程类似于灰度扫描仪。若每次扫描CCD能分辨8位256等级灰度，则在扫描过程中每个像素的RGB三基色数据合成后形成24位真彩色数据。

另一种彩色扫描仪利用3个独立的红、绿、蓝光源一次完成扫描，其基本原理与上述3次扫描的方法没有大的区别。所不同的是在扫描过程中，独立的三色光源按红、绿、蓝依次闪烁，一次就捕获RGB三色数据。这种方法可避免3次扫描时每次扫描因机械传动的微小差别而造成的像素不准问题。但由于使用了三色光源，会造成三基色套色不准的问题。

衡量扫描仪的好坏的一个主要指标是它的分辨率，分辨率表示扫描仪对图像细节的表现能力。通常用每英寸长度上扫描图像点数（dpi）表示，分辨率越高，图像越清晰，目前多数扫描仪的分辨率一般都在1 200 dpi以上。

七、数字图像的存储格式

数字图像的存储格式指计算机图像信息的存储格式。数字图像的存储格式很多，有压缩的和非压缩的。

随着社会经济发展和科学技术进步，信息视觉化技术越来越受到人们的重视，人们每天可以通过各种手段获得大量的信息，信息的本质就是要求交流和传播，百闻不如一见，图像已经成为人们传递信息的重要媒介。图像传输是现代社会每时每刻都在进行的工作，图像已经成为日常生活中必不可少的信息产品，但是数据量大是数字图像的一个显著特点。大数据量的图像信息会给存储器的存储容量、通信干线信道的带宽、计算机的处理速度等增加极大的压力，也给数字图像的传输带来很大的困难。因此，如何利用有限的传输和存储资源来传输和保存更多的图像信息，是需要解决的一个重要问题。

庞大的图像数据中其实隐含着大量的各种各样的冗余信息，这些冗余信息的存在为实现图像数据压缩提供了可能性。图像中的冗余可以分为几类：统计冗余、结构冗余、知识冗余和视觉冗余。其中，统计冗余又可以分为空间冗余、时间冗余和信息熵冗余三类。

空间冗余：空间冗余指的是在数字图像中像素与像素之间、行列与行列之间存在着的空域相关性，一幅图像总会存在着若干大小不等的像素值差异不大的平稳像素区域，这些区域中除边界点外，相邻像素点之间的像素值差别不大，并且像素值之间还存在着一定的相关性。

时间冗余：在视频数据中，经常会出现相邻两帧相对变化不大的情况，这样这两帧在时间上就存在着很大的相似性，即时间冗余。

信息熵冗余：图像的信息熵大小指明了图像数据所携带的信息量的大小。根据信息论相关理论，图像中一个像素所携带信息量的大小取决于该像素值出现的概率大小，出现的概率越大，携带的信息量越小；同理，出现的概率越小，携带的信息量越大。显然，信息量越大，编码时需要的位数也就越多，这样码字就越长。编码的理想状况就是编码后的平均码长等于图像信息熵。编码时如果简单地取统一的编码码长，就会造成平均码长大于图像信息熵的情况，这样就形成了信息熵冗余。

统计冗余普遍存在于图像当中，但是有些图像像素间还存在着其他类型的冗余，它们对图像压缩效果的影响同样重大。例如，在有些图像中的部分区域内存在非常强的纹理结构，这种纹理结构之间就存在冗余，称为结构冗余，有些图像和已知的图像知识有很强的相关性，这种相关性可以运用相关的先验知识得到，称为知识冗余。

视觉冗余指人眼能区别的图像差异，例如，一幅图像压缩后有两个结果，其中一个压缩程度稍微小些，但是人眼完全无法分辨出两幅图像的差异，那么压缩程度小的那一幅相对于另一幅就存在着视觉冗余。

因此，图像压缩的本质就是减少这些冗余量。冗余量的减少，虽然减少了图像的数据量，但是并没有影响图像信息源的信息熵。在数学上，可以把一幅图像看成一个二维数据矩阵，压缩这个数据矩阵的数据量就意味着减少它的元素之间的相关性。而且在有些情况下，可以存在不影响图像实际应用的失真，这样图像压缩的空间也就更大了。

利用图像压缩编码技术，在原有图像损失一定精度（有损图像压缩）或不损失任何精度（无损图像压缩）的情况将原有图像用比原始数据量小得多的数据表示出来，以提高图像的存储效率和传输效率。

同一幅数字图像可以用压缩文件格式存储，也可以用非压缩的文件存储，但不同格式之间所包含的图像信息并不完全相同，其图像质量也不同，文件的大小也有很大差别。比较常用的图像文件格式有 BMP、JPEG、GIF、TIFF、PNG 等。

1. BMP 格式

BMP 图像文件是 Windows 采用的图像文件格式，在 Windows 环境下运行的所有图像处理软件都支持 BMP 图像文件格式。Windows 系统内部各图像绘制操作都是以 BMP 为基础的。它是以一种点阵方式来储存照片的，解码速度快，是一种非压缩或无损压缩的图像文件格式，只支持单色、16 色、256 色和真彩色四种图像。但文件很大，传输不方便，通常用在对图像质量要求非常高的场合。

Windows 3.0 以前的 BMP 图像文件格式与显示设备有关，因此把这种 BMP 图像文件格式称为设备相关位图 DDB 文件格式。Windows 3.0 以后的 BMP 图像文件与显示设备无关，因此把这种 BMP 图像文件格式称为设备无关位图 DIB 格式（注：Windows 3.0 以后，在系统中仍然存在 DDB 位图，只不过将图像以 BMP 格式保存到磁盘文件中时，微软极力推荐以 DIB 格式保存），目的是让 Windows 能够在任何类型的显示设备上显示所存储的图像。BMP 位图文件默认的文件扩展名是".bmp"（有时它也会以".dib"或".rle"作扩展名）。

2. JPEG 格式

JPEG（联合图像专家组）是由国际电报电话咨询委员会和国际标准化组织联合组成的一个图像专家小组，开发研制的连续色调、多级灰度、静止图像的数字图像压缩编码方法，JPEG 适合于静止图像的压缩，由于优良的品质，在短短几年内就获得极大的成功，目前网络上 80%左右的图像都是采用 JPEG 的压缩标准，并且 JPEG 广泛应用于照相机、打印机等的图像处理，是用于连续色调静态图像压缩的一种标准，文件扩展名为".jpg"，是最常用的图像文件格式，其主要是采用预测编码（DPCM）、离散余弦变换（DCT）以及熵编码的联合编码方式，以去除冗余的图像和彩色数据，属于有损压缩格式，它能够将图像压缩在很小的储存空间，一定程度上会造成图像数据的损伤，尤其是使用过高的压缩比例，将使最终解压缩后恢复的图像质量降低，如果追求高品质图像，则不宜采用过高的压缩比例。然而，JPEG 压缩技术十分先进，它可以用有损压缩方式去除冗余的图像数据，换句话说，就是可以用较少的磁盘空间得到较好的图像品质。而且 JPEG 是一种很灵活的格式，具有调节图像质量的功能，它允许用不同的压缩比例对文件进行压缩，支持多种压缩级别，压缩比率通常在 10∶1 到 40∶1，压缩比越大，图像品质就越低；相反地，压缩比越小，图像品质就越高。同一幅图像，用 JPEG 格式存储的文件是其他类型文件的 1/10~1/20，通常只有几十 kB，质量损失较小，基本无法看出。JPEG 格式压缩的主要是高频信息，对色彩的信息保留较好，适合应用于互联网；它可减少图像的传输时间，支持 24 位真彩色；也普遍应用于需要连续色调的图像中。

JPEG 格式可分为标准 JPEG、渐进式 JPEG 及 JPEG2000 三种格式。

标准 JPEG：此类型在网页下载时只能由上而下依序显示图像，直到图像资料全部下载完毕，才能看到图像全貌。

渐进式 JPEG：此类型在网页下载时，先呈现出图像的粗略外观后，再慢慢地呈现出完整的内容，而且存成渐进式 JPEG 格式的文档比存成标准 JPEG 格式的文档要来得小，所以如果要在网页上使用图像，可以采用这种格式。

JPEG2000：它是新一代的影像压缩法，压缩品质更高，并可改善在无线传输时，常因信号不稳造成马赛克现象及位置错乱的情况，改善传输的品质。

3. GIF 格式

GIF 是一种比较常用的动态图像格式，多数是由多帧图像合并在一起组成的 GIF 动画，当然也有单帧的。GIF 文件几乎可以使用任何格式的 GIF 播放器打开，比如常用的 Flash、看图软件、GIF 动画制作软件等。

GIF 的原意是"图像互换格式"，是 CompuServe 公司在 1987 年开发的图像文件格式。GIF 格式的扩展名为".gif"，是一种压缩位图格式，支持透明背景图像，适用于多种操作系统，GIF 格式"体型"很小，网络上很多小动画都是 GIF 格式。

CIF 文件的数据，是一种基于 LZW 算法的连续色调的无损压缩格式。其压缩率一般在 50%左右，它不属于任何应用程序。GIF 格式可以存多幅彩色图像，如果把存于一个文件中的多幅图像数据逐幅读出并显示到屏幕上，就可构成一种最简单的动画。但 GIF 只能显示 256 色。和 JPEG 格式一样，这是一种在网络上非常流行的图形文件格式。

4. TIFF 格式

TIFF 是 Mac 计算机中广泛使用的图像格式，它是一种灵活的位图格式，主要用来存储包括照片和艺术图在内的图像。它最初由 Aldus 公司与微软公司一起为 PostScript 打印开发，最初是出于跨平台存储扫描图像的需要而设计的。TIFF 与 JPEG 和 PNG 一起成为流行的高位彩色图像格式。TIFF 格式在业界得到了广泛的支持，如 Adobe 公司的 Photoshop、The GIMPTeam 的 GIMP、Ulead PhotoImpact 和 Paint Shop Pro 等图像处理应用、QuarkXPress 和 Adobe InDesign 这样的桌面印刷和页面排版应用，扫描、传真、文字处理、光学字符识别和其他一些应用等都支持这种格式。从 Aldus 获得了 PageMaker 印刷应用程序的 Adobe 公司现在控制着 TIFF 规范。TIFF 文件以".tif"为扩展名。

TIFF 的特点是图像格式复杂、存储信息多，正因为它存储的图像细微层次信息非常多，图像的质量得以提高，故而非常有利于原稿的复制。该格式有压缩和非压缩两种形式，其中压缩可采用 LZW 无损压缩方案存储。不过，由于 TIFF 格式结构较为复杂，兼容性较差，因此有时软件可能无法正确识别 TIFF 文件（现在绝大部分软件已解决这个问题）。目前，在计算机上移植 TIFF 文件也十分便捷，因而 TIFF 现在也是计算机上使用最广泛的图像文件格式之一。

5. PNG 格式

PNG 指可移植网络图形格式，是一种位图文件存储格式，其设计目的是试图替代 GIF 和标签图像文件格式（TIFF），同时增加一些 GIF 文件格式所不具备的特性。PNG 用来存储灰度图像时，灰度图像的深度可多达 16 位，存储彩色图像时，彩色图像的深度可多达 48 位，并且还可存储多达 16 位的 a 通道数据。PNG 使用从 LZ77 派生的无损数据压缩算法，一般应用于 JAVA 程序、网页或 S60 程序中，原因是它压缩比高，生成文件的体积小。PNG 是最适合网络的图片，PNG 的优点是清晰、无损压缩、压缩比很高、可渐变透明，具备 GIF 几乎所有的优点；缺点是不如 JPEG 的颜色丰富，同样的图片体积也比 JPEG 略大。

第二节　视频图像基础知识

一、视频图像的概念

（一）视频的定义

视频是现代生活中一种常见的存储和传递信息的方式，"视频"这个术语来源于拉丁语"我能看见"，通常指不同种类的活动画面，加上各种声音、文字、过渡等辅助，能够实现对各种情景的正确表达和再现。视频是图像连续播放的速度每秒超过 24 帧画面时，根据视觉暂留现象，人眼无法辨别单幅的静态画面，而看上去是平滑连续的视觉效果，这样连续播放的画面叫作视频。视觉暂留现象是人眼在观察景物时，光信号传入大脑神经，必须经过一段短暂的时间，光的作用结束后，视觉形象并不立即消失，这种残留的视觉称"后像"，视觉的这一现象则被称为"视觉暂留现象"。

和电影一样，视频图像也是由一系列单个静止画面组成的，这些静止画面被称为帧（frame），一帧就是一幅静态画面。快速连续地显示帧，便能形成运动的图像，每秒钟显示帧数越多，即帧频越高，所显示的动作就会越流畅。一般当帧频在每秒 20~30 帧时，视频图像的运动感觉就非常光滑连续。而低于每秒 15 帧时，连续运动图像就会有动画感。

（二）视频的制式

（1）PAL 制。中国、澳大利亚和大部分西欧国家采用的电视标准，PAL 制的视频画面为每秒 25 帧，每帧有水平方向的 625 扫描行。

（2）NTSC 制。在美国、日本和加拿大被广为使用，NTSC 制式的视频图像为每秒 30 帧，每帧 525 行。

（3）SECAM 制。主要在法国、中东和东欧一些国家使用，SECAM 制式的视频画面每秒 25 帧，每帧 625 行。

PAL 制和 SECAM 制的信号传输方式不同。在日常生活中所见到的视频绝大多数为 PAL 制和 NTSC 制。

(三) 视频信号的特点

（1）内容是随时间而变化。

（2）有与画面动作同步的声音。

（3）图像与视频有两个既有联系又有区别的概念，即静止图片被称为图像（Image），运动图像被称为视频（Video）。

（4）图像与视频两者的信源方式不同，图像的输入是依靠扫描仪和数字照相机等设备，视频的输入是通过视频监控设备、电视接收机、行车记录仪、摄像机、录像机、影碟机以及可以输出连续图像信号的设备。

(四) 视频的分类

按照处理方式的不同，视频分为模拟视频和数字视频。

1. 模拟视频

模拟视频是用于传输由图像和声音随时间连续变化而产生的连续变化的电信号。早期视频的记录、存储和传输都采用模拟方式，如在电视上所见到的视频图像是以一种模拟电信号的形式来记录的，并依靠模拟调幅的手段在空间传播，再用盒式磁带录像机将其作为模拟信号存放在磁带上。

模拟视频的特点如下。

（1）噪声水平高、噪声类型多、图像没有经过压缩或压缩量小。

（2）以模拟电信号的形式来记录。

（3）依靠模拟调幅的手段在空间传播。

（4）使用磁带录像机将视频作为模拟信号存放在磁带上。

（5）传统视频信号以模拟方式进行存储和传送，然而模拟视频不适合网络传输，而且图像随时间和频道的衰减较大，不便于分类、检索和编辑。

要使计算机能对模拟视频信号进行处理，必须把视频源（来自电视机、模拟摄像机、录像机、影碟机等设备的模拟视频信号）转换成计算机要求的数字视频形式，这个过程被称为视频的数字化过程。

2. 数字视频

数字视频就是先用摄像机之类的视频捕捉设备，将外界影像的颜色和亮度信息转变为电信号再记录到储存介质（如录像带）。数字视频就是以数字形式记录的视频，和模拟视频相对。数字视频有不同的产生方式、存储方式和播出方式。

数字视频最初来源于摄像机拍摄记录的活动影像。数字转换和处理芯片将视频影像转化成数字形式的数据流，进而对此进行传输、存储、处理和显示数字视频技术是伴随数字信号处理和计算机技术同步发展的。然而，在计算机技术发展的早期，受限于计算和存储能力的不足，计算机只能处理简单的数值计算任务，面对视频这样具有三维时空关系的庞大数据和复杂的处理要求，还显得力不能及。随着计算机科学的发展、软硬件的进步，20 世纪 60—70 年代逐渐发展到可处理字符数据（文字）、几何线条图形和静态的图像。此后，数字多媒体和计算机视觉技术终于成为计算机技术新的发展方向，声音和动态影像被转化成数字音频和数字动画，数字视频技术开始从专业的学术研究机构，逐步进入各行各业，现在数字视频已经深入到人们日常工作和生活的各个角落。

标准数字视频可大大降低视频的传输和存储费用，增加交互性，带来精确稳定的图像。目前主流的监控系统为数字监控系统，其存储方式为硬盘、光盘、动硬盘、软盘等。这些存储介质保存的视频流、图片等数字资料，具有保存、检索、回放方便，压缩量大，分辨率低等特点。如今，数字视频的应用已非常广泛，包括直播卫星（DBS）、有线电视、数字电视在内的各种通信应用均需要采用数字视频。

数字视频的特点如下。

（1）适合于网络应用。在网络环境中，视频信息可方便地实现资源共享。视频数字信号便于长距离传输。

（2）再现性好。模拟信号由于是连续变化的，所以不管复制时精确度多高，失真不可避免，经多次复制后，误差就很大。数字视频可不失真地进行无限次拷贝，其抗干扰能力是模拟图像无法比拟的。它不会因存储、传输和复制而产生图像质量的退化，能准确再现图像。

（3）便于计算机编辑处理。模拟信号只能简单调整亮度、对比度和颜色等，限制了处理手段和应用范围。而数字视频信号可以传送到计算机内进行存储、处理，很容易进行创造性的编辑与合成。

（4）具有保存、检索、回放方便，压缩量大，分辨率低等特点。数字视频的缺陷是处理速度慢，数据存储空间大，数字图像处理成本高。通过对数字视频的压缩，可以节省大量存储空间，光盘技术的应用也使得大量视频信息的存储成为可能。

二、数字视频编码和文件格式

了解数字视频，需要明确两个相关又有区别的概念：数字视频文件格式、数字视频编码方案。前者是可存储记录的格式化数据形式，后者指使用特定算法对视频数据进行组织、处理和记录的规范。二者具有交集，但又存在差异。数字视频文件直接面向市场和使用者，是由专业的厂商设计、开发并维护的。数字视频编码则更侧重算法原理和技术标准，一般是由专门的行业组织确定，未必有具体的实例。厂商往往根据新的数字视频编码方案，设计开发新的数字视频文件格式，其中必定封装了数字视频编码方案记录的视频数据，但同时也存其他一些组成部分，如音频编码、字幕数据、设备数据等，这样才组成了一个完整的数字视频应用方案。另外，数字视频编码也不是只应用于数字视频文件，例如，网络视频也采用了数字视频编码方案但它是以数据流方式传送的，网络传送、处理、显示的视频单元是数据包（帧），也不一定需要存储成文件记录下来。

从以上的比较中可以看出，数字视频编码方案涉及数字视频的基础原理的关键技术，数字视频文件格式是原理方案的一种包装实现。

（一）数字视频编码

1. 数字视频编码历史

第一个国际数字视频编码标准出现在 1984 年。20 世纪 90 年代以后，各种较为成熟的数字视频编码方案纷纷出现，其中 H.26X 和 MPEG 这两个系列的方案对数字视频的发展有很大影响。H.26X 是国际电信联盟电信标准化部门（ITU-T）制定的数字视频编码系列方案，偏重网络使用。MPEG 是国际标准化组织（ISO）和国际电工委员会（IEC）联合成立的动态图像专家组，专门针对运动图像和语音压缩制定的国际标准。ITU-T 在 1990 年制定的 H.261 是世界上第一个实用的数字视频编码标准。MPEG 在 1992 年制定的 MPEG-1 则主要解决了多媒体视频音频的存储问题，其成果就是大家熟悉的 VCD 和 MP3 产品。ITU-T 和 MPEG 联合在 1995 年发布了 H.262/MPEG-2（pat2），对第一代标准做了改进扩充，实现了更高分辨率、更高质量的视频压缩，DVD 就是这个标准的成果之一。后来，由于计算机和网络技术的飞速发展，早期的技术标准已不能满足实际需要。1999 年，MPEG 发布了 MPEG-4 标准，其中的视频方案称为 MPEG-4（pat2）。这部分在行业内又衍生出 DivX 和 XviD 解码器、可供实际开发使用。ITU-T 和 MPEG 又进一步合作，在 2003 年推出了 H.264/MPEG-4（pat10），实现了针对网络传输的更高压缩比。在高清实时会议的场合，H. 264 已经能够做到（150～300）：1 甚至更高的压缩比。这几种视频编码标准仍然是当今数字视频技术的主流编码方案。

除上述的两个主要系列的编码方案外，还有一些其他厂商的编码方案在数字视频领域产生过广泛的影响，如 RealNetworks 的 RealVideo、微软公司的 WMV 以及 Apple 公司的 QuickTime 等。

2. 数字视频编码的概念

从本质上说，数字视频编码的过程就是数据压缩的过程。虽然直接数字化动态影像得到的数据量非常大，但是数据在时间和空间上都存在很大的冗余（即不同数据间的相关性），可以通过压缩技术编码，去除这些冗余，只保留有限的数据，在解码后仍然保持一定的视觉效果和画面质量。

压缩技术主要包括帧内压缩编码、帧间压缩编码、熵编码三种。

（1）帧内压缩编码。帧内压缩编码指对一帧画面内的数据进行压缩处理。这个过程和静态图像编码（如 JPEG）是类似的，它使用的技术也和 JPEG 类似，即通过量化系数去除色彩和空间信息中的冗余（主要是高频成分），然后采用变长编码的方式实现有损压缩。由于视频中的画面帧数非常大，只靠帧内编码不能解决视频压缩的要求，关键还在于帧间编码。

（2）帧间压缩编码。帧间压缩编码指对连续多帧画面的数据进行压缩处理。它首先把图像分成许多子区域，称为宏块，作为基本的编码单元。帧间压缩编码主要涉及以下三方面的内容。

运动补偿：通过宏块历史帧的数据补偿预测当前的数据。

运动表示：使用运动向量描述宏块在帧间的位置偏移量。

运动估计：从帧间数据计算得到宏块在当前帧的最佳位置和运动向量的过程。

实际的编码方案中，图像帧可分为 I 帧、P 帧和 B 帧等不同类型。一般用 I 帧作为关键帧，代表运动补偿的数据，P 帧和 B 帧作为运动估计数据。P 帧是单向的，只根据前面的 I 帧计算后续帧；B 帧则是双向的，根据前后帧的差别得到，这意味着，计算 B 帧时，还要预读更后面的关键帧作为缓存。B 帧的处理虽然复杂，但它能带来更高的压缩比。对每帧数据是按照逐个宏块进行处理的。对宏块数据的运动补偿和运动估计，完成了对图像局部视频信息的记录和恢复。从此流程也可看出，视频文件是一个连续的整体，要想进行以帧为单位的精确编辑是困难的。

视频编码序列中还有两个基本概念：图像组（GOP）和参考周期。GOP 是相邻 I 帧间的距离，这中间有若干个 P 帧和 B 帧。参考周期是 GOP 组内相邻 P 帧间的距离，其中有若干个 B 帧。

从 GOP 和参考周期可以评估编码序列的性能。在码率一定的情况下（网络传输或媒介播放），GOP 长度大，说明关键帧之间的细节多，视频显示效果好；参考周期也是同理。但是这个长度不能太长，否则会增加计算复杂度，如果 I 帧不理想，则影响帧数较长，解码器对缓存的要求也较高。

（3）熵编码。熵编码是无损压缩编码，它主要用于编码操作时，在不丢失信息的情况下，找最佳的字节位数、使得记录数据所用的字节数量最少，以达到压缩的目的。熵编码的依据是特定编码出现的概率，例如，某个数据在整个编码过程中出现的概率较大，则可以在记录时给这个数据一个较短的代码，而概率小的数据可对应较长的代码，以保证最后组织成的数据流尽量小。

在当前信息时代的大背景下，数字视频具有广阔的发展前景。从目前的趋势来看，更高分辨率、更多交互性、更智能化的技术会是下一代数字视频的发展方向。这也给数字视频的后期处理提出了更高的要求。

3. 视频图像的编码

近年来，由国际标准化组织（ISO）和国际电信联盟（ITU）制定的有关视频图像编码的国际标准有 H. 261、MPEG-1、H. 263、MIPEG-2、MPEG-4、H. 264 等。其中 H. 261、MPEG-1 和 MPEG-2 采用了第一代压缩编码方法，如预测编码、变换编码、熵编码以及运动补偿。自 MPEC-4 标准以后，采用的是第二代视频编码方法，如分段编码、根据模型的编码和基于对象的编码等。

（1）MPEG 编码。MPEG 是运动动态图像专家组的英文缩写，这个专家组是由国际标准化组织（ISO）与国际电子委员会（IEC）于 1988 年联合成立的，致力于运动图像及其伴音编码的标准化工作，其成员均为视频、音频及系统领域的技术专家。

MPEG 是压缩运动图像及其伴音的视音频编码标准，它采用了帧间压缩，仅存储连续帧之间有差别的地方，从而达到较大的压缩比。MPEG 现有 MPEG-1、MPEG-2 和 MPEG-4 三个版本，以适应于不同带宽和图像质量的要求。

MPEG-1：MPEG-1 的视频压缩算法依赖于两个基本技术，一是基于 16×16（像素×行）块的运动补偿，二是基于变换域的压缩技术来减少空域冗余度，压缩比相比 M-JPEG 要高，对运动不激烈的视频信号可获得质量较好的图像，但当运动激烈时，图像会产生马赛克现象。MPEG-1 以 1.5 Mbit/秒的数据率传输视音频信号，MPEG-1 在视频图像质量方面相当于 VHS 录像机的图像质量，视频录像的清晰度的彩色模式≥240 TVL（TVL 指在屏幕水平方向上能分辨的明暗交替线条的最大数量），两路立体声伴音的质量接近 CD 的声音质量。

MPEG-1 是前后帧、多帧预测的压缩算法，具有很大的压缩灵活性，能变速率压缩视频，可视不同的录像环境，设置不同的压缩质量，从每小时 80 MB 至 400 MB 不等，但数据量和带宽还是比较大的。MPEG-1 随后被 VCD 采用作为内核技术。MPEG-1 的输出质量大约和传统录像机 VCR 的信号质量相当，这也许是 VCD 在发达国家未获成功的原因。

MPEG-2：MPEG-2 是获得更高分辨率（720×572）提供广播级的视音频编码标准。MPEG-2 作为 MPEG-1 的兼容扩展，它支持隔行扫描的视频格式和许多高级性能包括支持多层次的可调视频编码，适合多种质量如多种速率和多种分辨率的场合。它适用于运动变化较大，要求图像质量很高的实时图像。对每秒 30 帧、720×572 分辨率的视频信号进行压缩，数据率可达 3~10 Mbit/秒。由于数据量太大，不适合长时间连续录像的需求。

MPEG-4：MPEG-4 是为移动通信设备 Internet 实时传输视音频信号而制定的低速率、高压缩比的视音频编码标准。MPEG-4 标准是面向对象的压缩方式，不是像 MPEG-1 和 MPEG-2 那样简单地将图像分为一些像块，而是根据图像的内容，将其中的对象（物体、人物、背景）分离出来，分别进行帧内、帧间编码，并允许在不同的对象之间灵活分配码率，对重要的对象分配较多的字节，对次要的对象分配较少的字节，从而大大提高了压缩比，在较低的码率下获得较好的效果，MPEG-4 支持 MPEG-1、MPEG-2 中的大多数功能，提供不同的视频标准源格式、码率、帧频下矩形图形图像的有效编码。

MPEG-4 有三个方面的优势。第一，MPEG-4 采用国际化的标准，具有很好的兼容性，代表压缩的发展趋势；第二，MPEG-4 比其他算法提供更好的压缩比，最高达 200∶1；第三，MPEG-4 在提供高压缩比的同时，对数据的损失很小。所以，MPEG-4 的应用能大幅度地降低录像存储容量，获得较高的录像清晰度，特别适用于长时间实时录像的需求，同时具备在低带宽上优良的网络传输能力。

（2）H.261 编码。H.261 是 1990 年 ITU-T 第 15 研究维制定的一个视频编码标准，属于视频编解码器。其设计的目的是能够在带宽为 64 kbit/秒倍数的综合业务数字网（Integrated Services Digital Network，ISDN）上传输质量可接受的视频信号。H.261 又称为 P×64，最初是针对在 ISDN 上实现电信会议应用，特别是面对面的可视电话和视频会议而设计的编码标准。它首次尝试综合数字压缩技术和网络技术，实现数字图像的实时传输，即可以在码率为 P×64 kbit/秒（P 取值为 1~30）的 ISDN 上实时地传输声音和图像信息。H.261 可对 CIF 和 QCIF 两种图像格式进行处理。大多数系统适应 352×288 和 176×144 两种分辨率。一个把 GIF 数据编码到单独一个 ISDN 信道上的系统，可以把视频信号压缩为 60:1，所以已编码的音频/视频信号可以以 64 kbit/秒的倍数传送。通常由于视频和音频信号必须共用信道，所以要在音频和视频质量之间做出一些取舍，尤其是在低的位速率之下。因此，通常在一个 ISDN 信道中，音频占 16 kbit/秒，而视频占 48 kbit/秒。

总之，H.261 对全色彩、实时传输的图像可以达到较高的压缩比，算法由帧内压缩加前后帧间压缩编码组合而成，以提供视频压缩和解压缩的快速处理。由于在帧间压缩算法中只预测到后 1 帧，所以在延续时间上比较有优势，但图像质量难做到很高的清晰度，无法实现大压缩比和变速率录像等。

（3）H.263 编码。H.263 是 ITU 于 1995 年制定的一种码率低于 64 kbit/秒的甚低码率（Very Low Bit Rate）视频图像压缩编码标准。它是为低码流通信而设计的，但实际上这个标准可用在很宽的码流范围，而非只用于低码流应用。它在许多应用中认为可以取代 H.261。H.263 的编码算法与 H.261 一样，但做了一些改善和改变，提高了性能和纠错。H.263 标准在低码率下能够提供比 H.261 更好的图像效果。此外，H.263 还吸取了 MPEG 的双向运动预测等措施，进一步提高帧间编码的预测精度。

（4）H.264 编码。H.264 是 ITU-T 的 VCEG（视频编码专家组）和 ISO/IEC 的 MPEG（活动图像编码专家组）的联合视频组开发的一个新的数字视频编码标准，它既是 ITU-T 的 H.264，又是 ISO/IEC 的 MPEG-4 的第 10 部分。

H.264 和以前的标准一样，也是 DPCM（差分脉冲编码调制）加变换编码的混合编码模式。但它采用"回归基本"的简洁设计，不用众多的选项，获得比 H.263 好得多的压缩性能；加强了对各种信道的适应能力，采用"网络友好"的结构和语法，有利于对误码和丢包的处理；应用目标范围较宽，以满足不同速率、不同解析度以及不同传输（存储）场合的需求；它的基本系统是开放的，使用无须版权。

在技术上，H.264 标准中有多个闪光点，如统一的 VLC 符号编码，高精度、多模式的位移估计，基于 4×4 块的整数变换、分层的编码语法等。这些措施使得 H.264 算法具有很高的编码效率，在相同的重建图像质量下，能够比 H.263 节约 5% 左右的码率。H.264 的码流结构网络适应性强，增加了差错恢复能力，能够很好地适应 IP 和无线网络的应用。

现在，多数 H.264 都是通过 H.263 改进后算法，只是压缩率变得小了点，如果从单个画面清晰度比较，MPEG-4 有优势；从动作连贯性上的清晰度比较，H.264 有优势。

（二）视频图像的格式

视频图像的格式也可以称为视频封装格式，是将已经编码处理的视频数据、音频数据以及字幕数据按照一定的方式放到一个文件中。大部分视频文件，除视频数据以外，还包括音频、字幕等数据，为了将这些信息有机地组合在一起，就需要一个容器进行封装，这个容器就是封装格式。视频封装格式来源于有关国际组织、民间组织及企业制定的视频封装标准。研究视频封装的主要目的是为了适应某种播放方式以及保护版权的需要。编码格式与封装格式的名称有时是一致的，例如 MPEG、WMV、DivX、XviD、RM、RMVB 等格式，既是编码格式，也是封装格式；有时却不一致，例如 MKV 是一种能容纳多种不同类型编码的视频、音频及字幕流的"万能"视频封装格式，同样以".mkv"为扩展名的视频文件，可能封装了不同编码格式的视频数据。由于视音频数据经过编码后还需要经过封装的步骤才能到达用户，因此普通用户接触到的视频格式，严格地讲，应当是视频的封装格式。

常见的视频格式可以分为两大类，即适合本地播放的本地影像视频和适合在网络中播放的网络流媒体影像视频。本地影像视频格式有 AVL nAVL DV-AVI、MPEG、MOV 等；网络流媒体影像视频格式有 ASF、WMV、Real Video 等。

1. AVI 格式

AVI 文件格式历史悠久，它是音频、视频交错（Audio Video Interleaved）的英文缩写，是将影像和语音同步组合在一起的文件格式。于 1992 年被 Microsoft 公司推出，与 Windows 3.1 一起被人们所认识和熟知。它对视频文件采用了一种有损压缩方式，但压缩比较高，因此，尽管画面质量不是太好，但其应用范围仍然非常广泛。AVI 支持 256 色和 RLE 压缩。AVI 信息主要应用在多媒体光盘上，用来保存电视、电影等各种影像信息。

AVI 格式包括三部分：文件头、数据块和索引块。其中，数据块包含实际数据流，即图像和声音序列的数据。这是文件的主体，也是决定文件容量的主要部分。视频文件的大小等于该文件的数据率乘以该视频播放的时间长度；索引块包括数据块列表和它们在文件中的位置，以提供文件内数据随机存取能力；文件头包括文件的通用信息、定义数据格式、所用的压缩算法等参数。

这种格式的优点是调用方便、图像质量好、可以跨多个平台使用；其缺点是体积过于庞大，而且压缩标准不统一，不同版本的解码器通用性较差，在进行 AVI 格式的视频播放时，常会出现由于视频编码问题而造成的视频不能播放。如果能够播放的话，也会存在不能调节播放进度或播放时只有声音没有图像等问题。

2. nAVI 格式

nAVI 是 newAVI 的缩写，是一个名为 Shadow Realm 的组织发展起来的一种新视频格式。它是由 Microsoft ASF 压缩算法的修改而来的（并不是想象中的 AVI）。视频格式追求的无非是压缩率和图像质量，所以 nAVI 为了追求这个目标，改善了原始的 ASF 格式（高级串流格式）的一些不足，让 nAVI 可以拥有更高的帧率。当然，这是以牺牲 ASF 的视频流特性为代价的。概括来说，nAVI 就是一种去掉视频流特性的改良型 ASF 格式，也可以被视为非网络版本的 ASF 格式。

如果发现原来的播放软件突然打不开此类格式的 AVI 文件，那就要考虑是否碰到了 nAVI 文件了。

3. DV-AVI 格式

DV-AVI 是由索尼、松下、JVC 等多家厂商联合推出的一种家用数字视频格式。目前，非常流行的数码摄像机就是使用这种格式记录视频数据的。它可以通过电脑的 IEEE 1394 端口传输视频数据到电脑，也可以将电脑中编辑好的视频数据传输到数码摄像机。这种视频格式的文件扩展名一般是".avi"。

4. MPEG 格式

MPEG 格式是目前主要的视频格式之一，VCD、SVCD、DVD 就是这种格式。MPEG 文件格式是运动图像压缩算法的国际标准，它采用了有损压缩方法减少运动图像中的冗余信息，依据是相邻两幅画面绝大多数是相同的，把后续图像中和前面图像有冗余的部分去除，从而达到压缩的目的（其最大压缩比可达到 200：1）。目前 MPEG 格式有三个压缩标准，分别是 MPEG-1、MPEG-2 和 MPEG-4，另外，MPEG-7 与 MPEG-21 仍处在研发阶段。

（1）MPEG-1。MPEG-1 是针对 1.5 Mbit/秒以下数据传输率的数字存储媒体运动图像及其伴音编码而设计的国际标准，也就是 VCD 制作格式。使用 MPEG-1 的压缩算法，可以把一部 120 分钟长的电影压缩到 1.2 GB 左右。这种视频格式的文件扩展名包括".mpg"".mlv"".mpe"".mpeg"及 VCD 光盘中的".dat"文件等。

（2）MPEG-2。MPEG-2 设计目标为高级工业标准的图像质量以及更高的传输率。主要应用在 EDVD/SVCD 的制作（压缩），同时在一些 HDTV（高清晰电视广播）和一些高要求视频编辑、处理上面应用很多。使用 MPEG-2 的压缩算法，可以把一部 120 分钟长的电影压缩到 4~8 GB。这种视频格式的文件扩展名包括".mpg"".mpe"".mpeg"".m2v"及 DVD 光盘上的".vob"文件等。

（3）MPEG-4。MPEG-4 是为了播放流式媒体的高质量视频而专门设计的，它可利用很窄的带宽，通过帧重建技术，压缩和传输数据，达到使用最少的数据获得最佳的图像质量。目前 MPEG-4 最大优点在于它能够保存接近于 DVD 画质的小体积视频文件；另外，还包含了以前 MPEG 压缩标准所不具备的比特率的可伸缩性、动画精灵、交互性甚至版权保护等一些特殊功能这种视频格式的文件扩展名包括".asf"".mov"".DivX"和".avi"等。

MPEG-4 是一种新的压缩算法，使用这种算法的 ASF 格式可以把一部 120 分钟长的电影（未压缩视频文件）压缩到 300 MB 左右的视频流，可供在网上观看。其他的 DivX 格式也可以压缩到 600 MB 左右，但其图像质量比 ASF 要好很多。

MPEG 格式的优点如下。

第一，特别针对低带宽等条件设计算法，因而 MPEG-4 的压缩比更高，使低码率的视频传输成为可能。在公用电话线上可以连续传输视频，并能保持图像的质量，这是其他技术做不到的。

第二，节省存储空间。同等条件如场景、图像格式和压缩分辨率条件下，经过编码处理的图像文件越小，所占用的存储空间越小。由于 MPEG-4 算法较 MPEG-1、MPEG-2 更为优化，因而在压缩效率上更高。

第三，图像质量好。MPEG-4 的最高图像清晰度为 768×576，远优于 MPEG-1 的 352×288，可以达到接近 DVD 的画面效果。这使得它的图像清晰度非常好。

另外，大家熟悉的 MP3 就是采用的 MPEG-3 编码。但是它只是 MPEG-1 的第三层，属于 MPEG-1，并没有像 MPEG-3 真正的流行开来。

5. MOV 格式

MOV 是 QuickTime 视频文件的常用格式，是美国 Apple 公司开发的一种视频格式，扩展名为".mov"。用于存储常用数字影音媒体。默认的播放器是苹果的 QuickTime Player。QuickTime 原本是 Apple 公司用于其 Mac 计算机的一种图像及视频处理软件。作为处理图像及数字视频的系统结构，QuickTime 文件格式支持 25 位彩色，支持领先的集成压缩技术，提供 150 多种视频效果，并配有提供了 200 多种 MDI 兼容音响和设备的声音装置。具体来说，它提供了两种标准图像和数字视频格式，既可以支持静态的".pic"和".jpg"图像格式,又可以支持动态的基于 Indeo 压缩法的". mov"和基于 MPEC 压缩法的". mpg"视频格式。到目前为止,它共有 4 个版本,其中以 4.0 版本的压缩率最好。

MOV 格式是一款十分优良的视频编码格式。曾经在很长一段时间里,MOV 格式视频都只是在 Apple 公司的 Mac 计算机上存在,但随着近几年 Apple 公司推出了 QuickTime 的 Windows 版本,MOV 格式几乎受到所有主流计算机平台支持。

6. RealVideo 格式

RealVideo 格式文件包括扩展名为". ra"". rm"". ram"". rmvb"四种视频格式。RealVideo(RM、RAM)是一种高压缩比的视频格式,它从开始就定位于视频流应用方面,也可以说,它是视频流技术的创始者。它可以用 56K 调制解调器拨号上网的条件不间断地进行视频播放。当然,其图像质量要比 MPEG-2、DVX 等格式差很多。毕竟要实现在网上传输不间断视频需要很大的带宽。

RealVideo(RM、RAM)视频格式由来已久,随着网络技术的蓬勃发展,这种流式视频文件格式已经很有替代传统视频格式的趋势,而它不过是 Real-Networks 公司所制定的音频视频压缩规范 RealMedia 中的一种,RealPlayer 能做的就是利用 Internet 资源对这些符合 RealMedia 技术规范的音频、视频进行实况转播。RealMedia 是目前 Internet 上最流行的跨平台的客户/服务器结构多媒体应用标准,其采用音频/视频流和同步回放技术实现了网上全带宽的多媒体回放。

在 RealMedia 规范中主要包括三类文件:RealAudio(用于传输接近 CD 音质的音频数据)、RealVideo(用来传输连续视频数据)和 RealFlash(Real-Networks 公司与 Macromedia 公司合作推出的新一代高压缩比动画格式)。而 RealPlayer 就是在网上收听、收看这些实时音频、视频和 Flash 的最佳工具。只要用户的线路允许,使用 RealPlayer 可以不必下载音频视频内容就能实现网络在线播放,可以更方便地在网络上查找和收听、收看各种广播、电视节目,而且最新的 RealPlayer 版本中还新增了 AOL Internet Messenger 和 RealJukebox 两项管理功能,使该软件的整体表现更为完善。

7. ASF 格式

ASF 是 Advanced Streaming Form 的缩写,是一种网络影像视频格式,是 Microsoft 公司为了和现在的 RealPlayer 竞争而推出的一种可以直接在网络上观看视频节目的文件压缩格式。

由于它使用了 MPEG-4 的压缩算法，所以压缩率和图像的质量都很不错。因为 ASF 是以在网上即时观赏的视频流格式存在的，所以它的图像质量比 VCD 差一点，但比同是视频流格式的 RAM 格式要好。

8. WMV 格式

WMV 格式是 Microsoft 公司推出的一种流媒体格式，它是在 ASF 格式升级延伸来的。

在同等视频质量下，WMV 格式的体积非常小，并可以边下载边播放，因此很适合在网上播放和传输。实际上，Microsoft 公司推出 WMV 是希望用其取代 QuickTime 之类的技术标准以及 WAV、AVI 之类的格式。

WMV 的主要优点包括：本地或网络回放、可扩充的媒体类型、部件下载、可伸缩的媒体类型、流的优先级化、多语言支持、环境独立性、丰富的流间关系以及扩展性等。

视频格式是视频文件的存在形式，是一种文件格式如 AVI、RMVB、MKV 等，也可以说是封装压缩视频和音频文件的容器即封装文件，也就是计算机中的".avi"这种文件。视频编码指视频文件压缩过程中的运算方法，同一种格式的视频文件其视频编码和音频编码有可能不同。如同样是 AVI 格式的视频文件，其视频编码可以是 DivX、XviD、AVC、H.263、H.264、Windows Madia Video 等，音频编码也有可能是 MP3、AAC、MP2、Windows Media Audio，即使是同一种文件格式，如 AVI 又分为 MPEG-1、MPEG-2、MPEG-4 几种视频格式。格式就像一个容器，编码就像容器里的溶液，溶液会有很多种，容器也有很多种。格式是编码的载体。

（三）视频解码器与视频格式的转换

1. 视频解码器（播放软件）

视频解码器也是视频播放软件，它是对已编码的数字视频进行还原解码操作的程序（视频播放器）或设备。例如，系统安装了 Real 编码器那就能将其他格式文件转换成 RM 或 RMVB 格式，如果安装了 Real 解码器那就能播放 RM 或 RMVB 格式文件。

由于计算机有 PC 机和苹果机之分，因此，视频解码程序也有对应的两大类视频播放器，即 Windows Media Player 和 Quick Time Player。还有适于网络视频的 RealPlayer 播放器和免费的 KM Player 及"暴风影音"等众多视频播放程序。播放器的核心是支持的视频格式的多少，支持的格式越多功能越强，因此可安装"万能视频解码器"来增强视频播放器的多格式支持能力。

视频播放器正向着支持高清晰度视频方向发展。视频解码设备 DVD 影碟机及蓝光影碟机就是一台视频解码设备，还有数字机顶盒、数字高清播放机等都属于视频解码设备。

播放器包含解码器，不同的播放器包含的解码器数量和种类不同。所以有时候需要添加解码器来对播放器进行补充。安装后以前不能播放的文件就可以直接通过双击来播放（这也取决于设备默认的播放器）。

2. 视频解码器的种类

视频解码器分为三种：软件解码器、硬件解码器和无线解码器。

（1）软件解码器。软件解码器是计算机中的视频解码器即通过软件方法解出音频和视频数据。通常情况下，计算机要播放某种格式视频，需要支持该视频编码的解码器，视频解码器就应运而生，如 RM/RMVB Real Media 解码器、MOV QuickTime 解码器、3GP/MP4 解码器、DVD/VOB 解码器、DivX 解码器、Xvid 解码器、WMV 解码器。

（2）硬件解码器。解码器的存在是因为音频视频数据存储要先通过压缩，否则数据量太庞大，而压缩需要通过一定的编码，才能用最小的容量来存储质量最高的音频视频数据，因此在需要对数据进行播放时要先通过解码器进行解码。可以解码的数字编码格式有 AC-3、HDCD、DTS 等。这些都是多声道音视频编码格式如果要达到高保真的水平，有双声道的 PCM 数字编码格式。所以，在选择硬件解码器的时候应该注意是否支持这些格式的软件。DVD 和 VCD 机属于硬件解码器。

（3）无线解码器。无线解码器的频率范围。频率范围是指无线解码器在规定的失真度和额定输出功率条件下的工作频带宽度，即无线解码器的最低工作频率至最高工作频率之间的范围，单位为 Hz（赫兹）。有时可能会大于定义的工作频率范围。

3. 视频格式的转换

视频格式转换指通过一些软件，将视频的格式互相转化，使其达到用户的需求。常用的视频格式有影像格式（Video）、流媒体格式（Stream Video）。每一种格式的文件需要有对应的播放器：MOV 格式文件用 QuickTime 播放，RM 格式的文件用 RealPlayer 播放。若出现只装有 RealPlayer 播放器，所有的却是一个 MOV 格式文件，为了播放，需要对视频进行格式转换。

视频格式转换指按照视频格式编码规范对视频进行解码，根据目标格式编码规范重新编码，以实现视频格式的相互转化，而视频播放内容并不发生改变的一种技术。

视频格式多种多样，不同格式的视频文件其计算方法不同，即采用了不同的视频编码方法，也就导致了保存同样的视频内容，使用不同文件格式保存，视频清晰度不同，占用空间也不同。若采用占用空间大的算法，其视频清晰程度也越高，而采用占用空间小的算法，其视频清晰度也越低。有些视频格式编码算法比较复杂、占用空间大，为了减少存储空间的占用率，也就是为了减小体积，人们常将某一格式转换为另一格式。另外，多媒体文件通常要制作多种多媒体产品，有时工具对视频格式的支持是有限的，所以为了满足相关工具的支持，人们就会把少数格式（不常用的格式，软件不支持的格式）转换为多数格式（即常用的格式），以满足软件的制作需要。该技术是为了满足市场对多媒体视频处理的需求而产生的。常见的 MP4 转换器、3GP 格式转换器、FLV 转换器、RMVB 转换器都属于视频格式转换软件，而新兴的 TS 格式转换器、MKV 转换器、MTS 转换器则属于高清视频格式转换软件。

常见的视频转换器工具有格式工厂、会声会影、Windows Movie Maker、魔影工厂等。

三、采集视频图像信号的设备

（一）模拟摄像机

获得模拟视频信号的方法有多种，除视频摄像机外，还有录像机输出，激光视盘（LD）等，它们所输出的模拟信号的格式是和摄像机一致的，都是某种制式的模拟视频信号。早期的光导管摄像机已遭淘汰，现在常用的是 CCD、CMOS 摄像机。

CCD 摄像机内的核心部件是一种固态半导体晶体管集成电路，即 CCD 感光芯片，它由若干行、若干列的离散硅成像单元排列而成。CCD 阵列中各自独立的硅成像单元又叫感光基元，它能产生与输入光强成正比的输出电压。通常，CCD 摄像机的感光阵列的大小为 1/2 英寸、3/4 英寸或 1 英寸等。摄像机所对准的场景的光线通过镜头聚焦投射到阵列上，每个感光基元由于光照的作用而产生出不同的输出电压。这些电压通过适当的逻辑电路，按照逐单元、逐行的顺序，在一帧的时间内将整个阵列的所有基元的电压送出，形成标准的视频信号。平面阵列中每行的基元数的多少和行数的多少决定了所摄图像的清晰度的高低。常用的 CCD 摄像机的分辨率为 512×512、1 024×1 024、4 096×4 096 等，每个像素的尺寸在 10 微米左右。

（二）数字摄像机

数字视频信号可以有两种获得的途径，一种是直接的方式，另一种是间接的方式。所谓间接方式是指将模拟视频信号数字化以后产生数字视频，以前这是获得数字视频的唯一方法。

近来随着电子领域数字化的进程，开始出现并越来越多地使用直接输出数字图像的装置和设备。例如，和计算机配合使用的彩色扫描仪输出的就直接是数字信号；再如，众多的数字摄像机的输出也是数字视频信号。这样的摄像机可以直接和数字图像设备相连接，而不需要经过 A/D 转换。随着半导体技术的发展，现在直接输出数字图像信号的设备已经成为数字视频信号源的主流。如今数字摄像、数字录像已经取代了模拟摄像和模拟录像。

数字摄像机的种类较多，常见的有三类。

第一类数字摄像机输出的是 ITU-R.60I 标准视频，这类摄像机输出的数字视频质量高，但它们价格也较贵，一般用于电视演播室。

第二类数字摄像机输出的是经压缩的数字视频，通常它们是摄录一体化的机型，即同时可以将摄取的内容记录在可读写光盘、磁卡上，它们的体积小，价格适中，因此这一类数字摄像机应用最为广泛。

第三类是一种简易型的数字摄像头，以 USB（通用串行总线）接口方式向计算机输出经压缩的数字视频，可以用于要求不高的办公室或家庭环境。

随着数字视频（DV）标准被国际上几十家大电子制造公司统一，数字视频已广泛进入各个视频应用领域。其中最典型的代表是 DV 标准的数字摄像机，它属于上述的第二类摄像机。DV 摄像机对经过 CCD（或 CMOS）光电转换得到的视频信号进行数字化，获得的数字视频信号再经过数字信号处理、数据压缩，最终可输出已压缩的数字视频信号，如压缩比为 (3~5):1。这样的数字摄像输出的图像质量较高，水平清晰度可达 500 线，已接近广播级模拟摄像机指标的下限。现在大多数数字摄像机都符合 IEEE 1394 接口和 HDMI 接口的输出规范。1394 俗称"火线"接口，HDMI 是高清多媒体接口，包括了数字视频、音频数据。它们已普遍用于和 PC 或其他设备相连，高速传送视音频信号。

当然，这类摄像通常还带有普通模拟复合视频输出和 S-Video 分量视频输出。简易型的数字摄像头也是直接输出数字视频信号，并且具有 USB 接口，可以很方便地和计算机连接，直接为计算机提供图像信号，可以省去一块视频采集卡。不仅节省了办公室图像设备的成本，同时也减少了采集卡兼容性有限给用户带来的麻烦，减少了出故障的次数，省去打开计算机插入采集卡的麻烦。

除上述的三类传统的摄像机外，还有更新的一类以"网络摄像机"为代表的数字摄像机，它把数字视频信号的采集、压缩编码、网络传输协议，甚至无线收发信号等部分也一并安装在摄像机内部，直接输出给用户的就是经过压缩和封装的视频数据流，如符合 TCP/IP 协议的数据流，或者是已调制的无线发射信号。而且压缩的标准可以有多种选择和设置，如既可以是 H.26X 也可以是 MPEG-X。从本质上来说，这类摄像机本身就是一台图像通信设备，更加方便了用户获取图像信息。这些输出数字视频的摄像机不仅可以提供高质量的活动图像的信号源，而且非常适合计算机、通信网等要求输入数字视频的设备，在这些设备上可以免去视频信号数字化这一复杂而又易引起失真的过程。

四、图像信号的接入

这里所述的图像信号的接入，主要指将已生成的图像信号送到图像设备或计算机设备的过程。由于数字图像信号可以直接送往计算机，因而不需要图像接入设备。但模拟图像信号接入计算机，就必须要有相应的图像接入设备，最常见的就是各种图像采集卡，或者图像捕获卡。如果不是送往计算机，而是送往某一图像处理设备，则在此设备中必须有一个与采集卡类似功能的部件来完成同样的任务。

图像采集卡是基于计算机的一块插卡，通常插于计算机的 PCI 插槽中，或者通过 USB、IEEE 1394 接口、HDMI 接口外置。图像采集卡的作用如同一个小型的视频信号处理平台，它可以对输入的模拟视频进行捕获、数字化、冻结、存储、处理、输出等多种操作。图像采集卡有很多种类，从图像的活动性来分有静止图像采集卡（早期），有活动图像（视频）采集卡；从图像质量来分，有普通图像质量（8 bit）的采集卡，有高质量（10 bit）图像采集卡；从图像的应用场合来分，有用于采集普通场景的采集卡，有用于显微图像、天体图像等特殊场合的采集卡。应用较广的活动图像采集卡，又称视频采集卡，它的主要功能是从输入的活动视频中实时捕捉一段时间的动态图像，并将它以文件的形式存储于硬盘中，以便进行后期的处理。一般来说，它只捕捉外界图像源的连续的图像，但不作处理。它也可以将摄像机、录像机或影碟机中的视频信号实时地接入到计算机内部。现在的视频采集卡普遍具有从静态捕获到动态捕获视频图像的功能。有的视频捕获卡（如好莱坞 TC2012 长、品尼高 v10 卡、益视达 HDV8000Pro 卡等）还带有视频处理专用芯片，可以进行多种实时视频处理。

视频捕获卡捕获的图像尺寸一般为标准电视画面，即 768 像素×576 像素，每秒 25 帧（PAL 制）或 30 帧（NTSC 制），捕获后以 AVI、MPEG 或非压缩视频的格式存于硬盘。一般的视频采集长都支持 NTSC、PAL 视频标准，并可以同时输入 2~4 路复合视频以供切换选择。有的还支持输入 S-Video 信号，以提高输入图像的质量，视频采集卡往往支持多种格式的图像读写，如 BMP、GIF、PCX、JPEG、MPEG 等图像文件格式。更高档的采集卡，可支持更高分辨率的图像（如 1 024×768、1 920×1 080 等），更多的视频采集路数（如 4 路、8 路等），更快的帧频（如 10 帧/秒以上），更大的存储空间（如数 10 GB）。

五、图像信号的显示

图像信号的显示往往是图像处理和图像通信的最终目的。图像信号的显示设备又可分为两种方式。一种是所谓的"硬拷贝"方式，其目的除观察图像内容以外，还可以长期保存图像，如彩色打印机、传真机、热转移图像拷贝机等。另一种是所谓的"软拷贝"方式，如电视机的荧光屏、计算机的显示器、大屏幕投影显示器等，只是为了临时地观察，看完以后并不需要保存，这是一种最经常使用的图像显示方式。

（一）CRT 显示器

彩色阴极射线管（CRT）显示器，或称显像管。它主要由电子枪、电子束偏转系统和荧光屏组成。其中电子枪用来发射电子，并使之成为加速和聚焦的电子束，根据输入信号的大小，可以控制电子束的强弱；偏转系统使电子束作水平或垂直的偏转，以使电子束根据屏幕扫描路径的要求打在荧光屏的指定位置。荧光屏随着入射电子束的强度，发出不同强弱的光，从而显示出可供观看的图像。

常见的彩色显像管是单枪 3 束显像管，在这种显像管中，3 条电子束共用一个电子枪，3 条电子束水平排列，射到荧光屏上对应的像素点。由电子枪发出的 3 束电子流的强弱分别代表所显示像素的 RGB 三基色分量的大小。当电子流击中荧光屏某像素点上对应的 RGB 荧光粉小点时，会使其发出不同的色光，一个像素的 3 种不同的色光在人眼中混合成某种颜色的光。

当电子束周而复始地从左到右、从上到下快速扫描时，由于眼睛的视觉暂留作用，就会在我们眼中形成一幅幅活动的画面。从 CRT 显示器的工作原理可以看出，显像管所需要的输入信号为模拟三基色（RGB）信号。由于 CRT 显示器的大体积、高功耗、有辐射、分辨率难提高等原因，作为几十年来图像显示的主流产品，近年来渐渐被新兴的液晶显示屏逐出市场，现在已经难觅其踪影了。

(二) 液晶显示器

液晶显示器（LCD）中的液晶是一种在一定温度范围内呈现既不同于固态、液态，又不同于气态的特殊物质态，它既具有各向异性的晶体所特有的双折射性，又具有液体的流动性。在显示应用领域，液晶由于它的各向异性而具有电光效应，所以能够制成不同类型的显示器件。

LCD 体积小、重量轻、低电压、功耗小、无电磁辐线，几乎可以做到与 CRT 相媲美的全彩色显示和相当的亮度。目前，除了观察视角还不如 CRT 宽，极端亮度、响应速度还不如 CRT 以外，其他各项指标均已超过 CRT 显示器。21 世纪以来，随着技术的发展，LCD 显示器的价格逐步下降，性能稳步上升，在大部分的应用场合，LCD 已经取代了 CRT 显示器。

(三) 等离子显示器

等离子显示器（PDP）图像平板显示的另一有力的竞争者就是和 LCD 同时出现的等离子显示屏，在 PDP 器件中，一种惰性气体（如氖气）充满在两层玻璃片之间，间隔 100~200 微米宽平行分开排列。使用电极使气体放电产生紫外光，红、绿、蓝荧光物质吸收这些放电的紫外光的能量，再辐射出彩色可见光呈现在屏幕上。不同于 LCD，PDP 是一种发射型显示器。PDP 屏幕尺寸大，造型薄，重量轻，可以将它安装在墙上或天花板上。无论是在水平方向还是在垂直方向，PDP 显示器可提供大于 160° 的视角，观众几乎可以从任意视点来观赏屏幕上清晰的图像，而不是仅仅从正对屏幕中心区才能看清。PDP 显示器不受磁场影响，因此它可以靠近喇叭放置却不会受其磁场干扰而产生屏幕图像扭曲。PDP 技术发展的速度是很快的，20 世纪 70 年代开始彩色等离子显示器（PDP）的研制，1994 年 40 英寸的挂壁式 AD-PDP 显示器展出，近几年大量推出了 65 英寸 PDP 彩色显示屏。

但是，PDP 显示器本身还存在一些缺陷，在和其他显示器件竞争时呈现出明显的劣势。尽管 PDP 的原理和荧光灯的原理类似，但荧光灯具有很高的发光效率，目前 PDP 还没有获得这么高的效率。为了达到相同的发光亮度，即使是和 CRT 相比，PDP 需要耗费更多的功率，PDP 成本的大部分在供电部分和传送功率到显示板的集成电路上。PDP 不仅功耗大，而且分辨率不容易再提高，只能停留在电视机的水平上，远低于液晶屏。再加上 PDP 屏幕的尺寸变化不灵活，难以适应手机、笔记本、平板电脑各种应用。PDP 的这几项重要缺陷，使它在和液晶屏的激烈竞争中如今已落入被淘汰的结局。

(四) 发光二极管显示器

发光二极管（LED）显示器是一种通过控制半导体发光二极管的显示方

式，用来显示文字、图形、图像、视频等多种信息的显示屏幕。最初，LED只是作为微型指示灯，在计算机、音箱等设备中使用。随着大规模集成电路和计算机技术的不断进步，平板 LED 显示器近年来得到迅速发展和广泛应用。

严格地说，LCD 与 LED 是两种不同的显示技术，LCD 是由液态晶体组成的显示屏，而 LED 则是由发光二极管组成的显示屏。LCD 的液晶面板本身并不发光，它只是控制透过它的透射光的强度，因此，LCD 的后面都必须有块称之为"背板"的发光源，背板的性能直接影响液晶显示的效果。目前，绝大部分的电视 LED 显示屏并不是采用发光二极管来替代液晶，而只是用发光二极管背板来替代 LCD 中原来的冷阴极荧光灯背光板，做到既可节能又可降低显示器的厚度。这样的 LED 显示屏虽然不是真正的由发光二极管独自显示图像，但与 LCD 显示器相比，LED 显示屏色彩鲜艳、亮度高、寿命长、工作稳定可靠，功耗只有 LCD 的几分之一，刷新速率高，能提供宽达 160°的视角，在视频显示方面有更好的性能表现。

六、视频监控图像质量

模拟图像的清晰度理论上可以无限扩展，但其受采集传输带宽、效率等因素影响往往无法实现远距离、多探点、大规模视频监控需要。高质量的网络摄像机也可以和模拟摄像机相媲美的影像传感器（CCD）和镜头，而且把模拟摄像机和视频服务器集成起来就可以把模拟摄像机采集到的影像信息直接传输到网络上。高质量的网络摄像机是用作专业使用的，一定要把它与功能简单的低端 Web 摄像机区分开来。

随着科学技术的发展，网络摄像机和 IP 监控技术可以达到百万像素的分辨率而模拟摄像机由于其技术的局限性，最多只能达到 4 万像素的分辨率。如果所有的视频信息都通过网络来传输，会导致网络的拥堵甚至网络的崩溃。

如果只是少数几个监控点的话，那么现有的快速以太网（100 Mbit/秒）就可以满足传输的带宽需求。用户可以根据压缩比及帧率来自行调整带宽。如果是多个监控点的话，最好铺设一个专门的网络线。这与铁路轨道交通颇为相似，一旦现有的轨道线变得拥堵，就需要新建轨道线来缓解线路的紧张情况。而且，对于大型的企业级应用来说，本地网络通常是千兆级的局域网，利用交换机和路由器，可以把网络划分成不同的网段。而且，网络摄像机的智能化功能已经可以根据事件触发、动态检测和预置时间等条件来选择以何种帧率发送视频。而需要传输的视频信息不会太多，几乎只有 10% 的时间需要传输信息，90% 的时间没有任何视频信息在网络上传输。

网络摄像机影像的传送速度快，最多每秒可压缩、传送 30 帧画面影像。但是，传送速度随着接入者的 PC 规格和网络容量以及线路状态的不同而不同，所以不可能每位接入者都能看到以最大传送速度传送的影像。

图像质量是评价数字录像机产品质量的核心问题。模拟的视频图像信号输入到 DVR 变成数字信号后，经压缩、存储，再经解压缩，其转换的优劣及转换的速度，可以从图像的清晰度、灰度、色彩还原、实时性能等多个方面加以评价，其中，清晰度是评价图像质量的最重要的指标。DVR 清晰度可以分为显示清晰度、录像清晰度和回放清晰度，一般图像的清晰程度为显示清晰度>录像清晰度>回放清晰度，回放清晰度能表达 DVR 录像和回放的总效果，清晰度评价的度量标准主要有以下两个方面。

（一）图像的分辨率

图像的分辨率指一幅图像能分解成多少个像素，即由多少像素所组成，国际标准是按其水平和垂直的像素点的乘积来表征的，最常见的图像格式有 176×144（QCIF）、352×288（CIF）、704×288（half-D1）和 704×576（D1）四种。目前监控行业中主要使用以下分辨率：SQCIF、QCIF、CIF、4CIF。

SQCIF 和 QCIF 的优点是存储量低，可以在窄带中使用，使用这种分辨率的产品价格低廉。其缺点是图像质量往往很差、不被用户所接受。

CIF 是目前监控行业的主流分辨率，其优点是存储量较低，能在普通宽带网络中传输，价格也相对低廉，它的图像质量较好，被大部分用户所接受。其缺点是图像质量不能满足高清晰的要求。

4CIF 是标清分辨率，其优点是图像清晰。其缺点是存储量高，网络传输带宽要求很高，价格也较高。新的分辨率选择为 528×384。

此外，2CIF（704×288）已被部分产品采用，用来解决 CIF 清晰度不够高和 4CIF 存储量高、价格高昂的缺点。但由于 704×288 只是水平分辨率的提升，图像质量提高得不是特别明显。

（二）画质

对于同样的图像分辨率，由于应用的压缩方式和压缩数据速率的大小不同，造成图像的大面积对比度和小面积对比度不同，这样，人们肉眼所能观察到的图像效果也有所不同，这就是我们所说的图像的画质。2CIF 还有另一种分辨率为 528×384 的方案，比 704×288 能更好地解决 CIF、4CIF 的问题。特别是在 512kbit/s 至 1Mbit/s 码率之间，能获得稳定的高质量图像。

影响 DVR 回放清晰度的因素有视频 A/D 转换器的时钟（CP）速度和带

宽、RAM 的存取速度、图像的压缩方式、硬盘的存取速度。

第三节　视频监控系统

一、视频监控系统的发展概况

随着计算机多媒体技术、编码压缩技术、网络传输技术、存储技术等与视频监控的不断融合，视频监控的发展经历了模拟视频监控、数字视频监控、网络视频监控、高清视频监控的演进，产品的功能、形态和视频监控的组成架构等各方面都发生了巨大的变化。

按照国内视频监控技术的发展状况，大致可以将视频监控的发展划分为四个阶段。

（一）模拟视频监控

模拟视频监控开始于 20 世纪 70 年代，该阶段主要利用模拟摄像机进行视频信号采集，通过同轴电缆将视频信号传输到矩阵主机或显示于记录设备。在模拟视频监控系统中，以模拟矩阵、模拟键盘为主的切换控制设备是整个系统的核心，而显示与录像设备则多采用监视器和磁带式录像机（VCR）。

（二）数字视频监控

数字视频监控开始于 20 世纪 90 年代末期，该阶段主要利用视频压缩板卡将模拟摄像机采集的模拟信号进行模数转换、编码、压缩，同时利用 PC 机进行本地存储。该阶段的硬盘录像机采用 PC 式架构，主要实现了模拟信号数字化和视频编码、压缩、存储功能，但在网络传输、软件应用、矩阵控制等方面的功能并不十分完善，因此，在实际项目应用中，通常与模拟矩阵配合使用。

（三）网络视频监控

网络视频监控开始于 2005 年左右，该阶段初期主要利用嵌入式网络硬盘录像机（E-DVR）或嵌入式视频服务器（DVS）将模拟信号进行数字化、编码、压缩后接入网络，实现联网视频监控。随着平安城市建设的不断深入、金融行业视频监控规模的不断扩大，视频监控的联网需求日渐明显，对视频监控网络化的发展产生了积极的影响。目前，我国视频监控行业已基本实现了网络视频监控。

（四）高清视频监控

联网监控作为一种基本应用被满足后，用户的注意力转移到了视频清晰度上,渴望看清人脸、车牌等细节特征,高清视频监控开始崭露头角。

要实现真正意义上的高清视频监控,采集、传输、存储、解码、显示、控制各个环节都有严格要求,缺一不可。我国的视频监控行业尚处于高清视频监控的起步阶段,高清这个趋势仍将持续很长一段时间。

二、当前主流的视频监控系统

第一代以矩阵和 VCR 录像机为核心的模拟视频监控系统已淘汰,以数字硬盘录像机 DVR 为代表的数字视频监控系统渐行渐远。近年来,在平安城市建设的推动下,网络视频监控得到了快速发展,在网络传输技术、物联网技术等众多技术的支撑下,网络视频监控系统逐步走向高清化、智能化,高清视频监控系统已逐渐发展成为主流视频监控系统之一。

(一)数字视频监控系统

PC 式硬盘录像机(PC-DVR)诞生于数字视频监控时代的起步阶段,为数字视频监控能够顺利完成模拟信号的数字化提供了可靠保障,有效解决了模拟视频监控录像存储介质及存储周期的局限性问题:数字视频监控系统主要由模拟摄像机、PC 式硬盘录像机、显示器等组成,可以实现监视(监听)、录像、回放、报警联动、语音对讲、实时控制等基本功能。

PC 式硬盘录像机除能实现前端模拟信号的数模转换、编码、压缩外,还能实现压缩数据的本地存储,信号传输介质仍是同轴电缆。

数字视频监控相对于模拟视频监控而言,最显著的区别就是数字视频监控采用了硬盘作为存储介质。在这种实现方式中,硬盘录像机完全取代了原来的模拟磁带录像机,相对于模拟磁带录像机,PC 式硬盘录像机有很多好处,突出的有以下几点。

第一,实现信号数字化存储,录像资料存储时间长。

第二,支持多路图像同时记录。

第三,大容量硬盘存储,无须额外空间,转存光盘后可长期保存。

第四,采用随机智能检索,检索速度快,记录与检索可同时进行。

虽然 PC 式硬盘录像机具有软件开发周期短、开发难度低、兼容性好、升级方便、易扩展、易操作等优点,但其采用的 Windows 操作系统在稳定性、安全性方面却不尽如人意。随着技术的发展,PC 式硬盘录像机逐渐发展成为嵌入式硬盘录像机(E-DVR)。早期的 DVR 功能主要是进行数字化视频存储,在网络存储、软件应用等方面的功能并不完善,因此,在实际项目中,通常采用 DVR 与模拟矩阵配合使用,系统的控制、切换仍然依靠矩阵来完成。

数字视频监控发展到后期，联网需求十分迫切。若将较远区域的视频采集设备接入监控中心，需要铺设大量模拟光纤，势必造成建设成本的大幅增加；视频资源分散且独立，难以进行充分整合利用，无法实现全局共享，难以进行统一管理；整个系统容错能力差、可靠性低。总之，在监控能力、扩展性、可管理性等方面，数字视频监控已经无法满足用户日益增长的需求。

（二）网络视频监控系统

网络视频监控系统是目前最常见的视频监控系统之一。网络视频监控又称 IP 监控，是将压缩后的视音频信号、控制信号通过各种有线、无线网络进行传输。只要网络可以到达的地方，就可以实现远程的视频监控，并且网络视频监控还可以与门禁系统、报警系统等其他类型的系统进行融合，使更多功能的实现成为可能。

在网络视频监控系统中，DVR 扮演着重要角色。整个系统由多个规模相对较小的子系统组成，各子系统通过 IP 网络进行数字联网，这类系统主要以数字硬盘录像机为基础，通过数字联网共享平台实现跨区域联网。

前端：采用模拟摄像机进行视频图像采集，经过 DVR 编码压缩后通过网络回传，并可将报警和声音等信号接入 DVR 一并回传。

传输：数据传输通过以太网层层连接。

存储：因为视频流全部为编码后的数字信号，可以通过 NVR（网络视频录像机）、NAS（网络附加存储器）或 IP SAN（存储局域网络）做存储。

显示：可通过解码器对前端视频源进行解码上墙显示，完成图像显示的轮巡、切换等操作。

控制：可通过键盘控制解码器或者前端球机、云台等设备完成相应操作。

管理：可通过客户端对所有的设备进行统一管理，并与报警、声音等信号进行联动。

这类系统随着前端摄像机数量的不断增多，系统中的矩阵规模越来越大，硬盘录像机数量越来越多，设备之间连线越来越复杂，逐渐暴露出该系统的缺陷，最突出的问题是硬盘录像机的稳定性不够高，硬盘没有容错保护措施；机房设备占用面积过大；模拟矩阵扩容不方便。因此，近几年，模拟-数字视频监控系统在以下两个方面得到了新的发展。

一是录像存储从数字硬盘录像机向以磁盘阵列为中心的 NVR 集中存储系统发展，数字硬盘录像机被视频编码器和 NVR 集中存储设备所替代。

二是视频编码器向前端延伸，模拟光传输系统被数字光传输系统所替代，模拟矩阵被数字矩阵所替代。

上述两个方面得到发展的新一代模拟-数字视频监控系统已基本完成了系统向网络化的转变，同时为智能化应用奠定了基础。系统编码器的功能向智能化方向扩展，系统数字联网共享平台功能不断得到增强，逐步与业务系统实现联网整合。

（三）高清视频监控系统

高清视频监控系统按照接入方式的不同，又可细分为全 IP 接入方式的高清监控、全数字接入方式的高清监控、IP 数字共同接入方式的高清监控和混合视频大集成的高清监控。其中，最为典型的应用模式当属全 IP 接入方式的高清监控。该架构下，视音频数据以 IP 包的形式在 IP 网络上进行传输。

高清视频监控系统和网络视频监控系统除前端这个环节外，其余的如传输、存储、显示、控制、管理等环节均一样。

高清视频监控系统的前端是采用网络高清摄像机（IPC）进行视频图像采集后编码压缩通过网络回传，并可将报警和声音等信号接入摄像机一并回传。

随着监控规模的变大，视频路数的增多，现有的监控模式已经不能满足应用需求，网络视频监控系统的数字联网共享平台功能不断扩展，系统运行维护管理和深化应用功能逐渐从基本的数字联网共享平台中分离出来，形成系统的独立构成部件——视频监控运维管理系统和应用平台。

三、视频监控系统的组成

视频监控系统是一个由采集、传输、存储、显示、控制、管理等诸多环节有机组成的完整系统。下面介绍视频监控在每个环节部分具体的设备和部件。

（一）信号采集设备

信号采集包括视频采集、音频采集、控制信号采集、报警信号采集等。

视频信号采集设备的核心是摄像机，实现光信号到电信号的转变。摄像机总体上分为两种，即模拟摄像机、网络高清摄像机。

模拟摄像机是获取监视现场图像的前端设备，它的工作原理：被摄物体反射的光线传播到镜头后，经镜头聚焦到 CCD 芯片上，CCD 根据光的强弱积聚相应的电荷，各个像素累积的电荷在时钟信号的控制下，逐点外移，经滤波、放大处理后，再在 DSP 中将模数转化后的图像信号进行处理，最后形成复合视频广播信号输出。

DSP 芯片也称数字信号处理器，是一种具有特殊结构的微处理器。在 DSP 内部有一个 A/D（模数转换器）把模拟信号转换成数字信号后，数字信号再由 DSP 芯片进行增益、降噪、颜色、背光补偿、亮度、白平衡等运算。运算结束后又把数字信号转换成模拟信号输出，也就是视频信号输出了。多次的数模和模数转换会造成图像质量下降。

网络高清摄像机指除具备一般传统摄像机的图像捕捉功能外，摄像机还内置了数字化压缩控制器和基于 Web 的操作系统，使得视频数据经压缩加密后，通过各种网络送至终端用户。

为了实现视频监控的数字化，出现了模拟摄像机+DVR 的监控模式。为了实现视频监控的网络化，又出现了模拟摄像机+DVS 的监控模式，这种模式过去在平安城市建设中应用较为广泛。

ISP 图像信号处理芯片，能进行防抖、降噪等图像信号处理模块，使传感器实现最高画质。

在实际工作中，摄像机往往会根据外形来区分它的种类，一般分为枪形摄像机、半球形摄像机、球形摄像机、筒形摄像机和红外夜视一体机等。

枪形摄像机：枪形摄像机通常指不含镜头的裸摄像机，结构多为长方体。用户根据实际监控场景需求，单独外配合适焦距的镜头，且实际安装中经常需要配合支架和保护罩。

半球摄像机：同样是针对外形命名的。原理上和枪式摄像机相同，只是形态不同而已，实际上就是摄像机机板+镜头+外壳，一般用于室内，吸顶式安装，受外形限制一般镜头焦距不会超过 20 毫米，监控距离较短；半球摄像机因其美观的外形和较好的隐蔽性能广泛应用在银行、酒店、写字楼、商场、地铁、电梯轿厢等需要监控、讲究美观、注重隐蔽的场所。整体来说，枪式摄像头可扩展性更高；半球摄像头更加美观隐蔽。

球形摄像机：监控产品的高端设备，以云台的转速可划分为高速球、中速球和低速球；以使用环境区分可划分室内智能球型和室外智能球；以安装方式可划分吊装、侧装或嵌入。这是一种集成度相当高的产品，集成了云台系统、通信系统和摄像机系统，是监控摄像机性能之大成，是清晰化和智能化的结合体，是监控系统最复杂和综合表现效果最好的摄像机前端，制造复杂、价格昂贵，能够适应高密度、最复杂的监控场合。

筒形摄像机：筒形摄像机通常是自带镜头、红外灯的摄像机。结构多为长筒形，防护等级一般可达 IP66，可满足大部分户外防护要求。部分筒形摄像机也带有一体化安装支架，施工更为方便。

红外夜视一体机：为了方便和降低成本，将半球机或是枪式机装上红外灯+摄像机机板+镜头+摄像机护罩组装在一起而成。但红外灯发热影响摄像机，会降低图像质量。这是中国特有产品，因为国内注重价格和便利性多过产品质量，欧美等国家一般不生产这种摄像机。这种摄像机适用范围较广，覆盖中低端价格、中短距监控、室内外安装，日夜均可使用，比较方便，但在对图像质量要求很高的领域一般不会应用。

除以上提到的摄像机外，市场上还有一些如针孔、卡片、飞碟等特殊结构的摄像机，用于有特殊需求的监控场所。例如，需要隐蔽监控的ATM机中安装针孔摄像机等。

（二）信号传输设备

传输部分是系统的图像信号通路，一般来说，传输部分单指的是传输图像信号，但是，由于某些系统中除图像外，还要传输声音信号，同时由于需要有控制中心通过控制台对摄像机、镜头、云台、防护罩等进行控制，因而在传输系统中还包含有控制信号的传输，所以，这里所讲的传输部分，通常是指所有要传输的信号形成的传输系统的总和。

不论是模拟、数字还是IP传输方式，都会遇到传输距离限制的问题。在实际项目应用中，如果需要进行远距离传输，通常会选择用光纤进行传输。光纤传输具有衰减小、频带宽、不受电磁干扰、重量轻、保密性好等一系列优点，是现在视频监控系统长距离多媒体信息（包括视频、音频、控制信号及数据等）传输的首选方式光纤一般由纤芯、包层和保护层组成：纤芯和包层材料一般为玻璃，其基本功能是将光信号封闭在芯线内，最大限度地保持光信号的能量；保护层一般由塑料组成，其基本功能是保护芯线与包层。根据光的传播路径不同，光纤一般分为单模光纤和多模光纤两种，多模光纤由于色散和衰耗较大，其最大传输距离一般不能超过5千米，所以长距离传输主要采用单模光纤。由于光纤的材料与制造工艺不同，光在光纤中传输时会有一定的衰减，其衰减量用分贝/千米表示。不同波长的光在光纤中传播时造成的衰减是不一样的，在波长的一些特定点上，光的衰减最小，因此，光纤通信中常采用的光波长一般选用光衰减量最小的850纳米、1 300纳米和1 550纳米等。

光纤只是一种传输介质。通过光纤传输时，必须使用光端机，它的作用就是实现电光转换，光端机也分为发送和接收两部分，发送端用来实现将网络信号转换为光信号，发送到光纤上进行传输，接收端用来将光信号转化为网络信号，从而实现网络通信。

按照传输的信号类型来划分，光端机又可分为模拟视频光端机、网络光端机和HD-SD1光端机。

（三）存储设备

在视频监控的发展演进过程中，存储产品的功能、形态也发生了巨大的变化，从磁带录像机（VCR）、PC式硬盘录像机（PC-DVR）、嵌入式硬盘录像机（DVR）、网络视频录像机（NVR），一直到高清网视频监控时代，数据呈爆炸性增长趋势，随着存储技术的成熟，逐渐涌现出NAS、SAN等更多更适合高清视频监控的存储方式，以实现视频数据的海量、高速、实时、稳定的存储与检索。

1. DVR（嵌入式硬盘录像机）

DVR实际上是一个集音视频编码压缩、网络传输视频存储、远程控制等功能于一体的计算机系统，其硬件组成主要包括CPU、PCI、DSP、A/D模块、硬盘、RS232/RS485等外围接口等。

从功能角度看，嵌入式硬盘录像机集成了连接前端监控设备的众多物理接口，通过这些物理接口，可直接连接摄像机、解码器、报警输入/输出等设备。除本地监视、回放与控制、远程应用这些常见功能外，硬盘录像机还能实现本地监听与语音对讲的功能。

从技术角度看，嵌入式硬盘录像机的关键技术主要包括硬盘休眠技术、磁盘预分配技术、硬盘故障预警和报警（SMART）技术、分区表冻结技术保护、低寻道技术、帧重叠技术、双分区技术等硬盘管理技术，视频编码技术及网络传输技术等。硬盘管理技术可以有效减少磁盘碎片、延长硬盘使用寿命、降低功耗，并提高硬盘读写效率和存储安全性。

DVR的关键技术指标有视频压缩编码格式、分辨率（实时预览分辨率和录像存储分辨率）、码流。

2. NVR（网络视频录像机）

NVR是网络视频监控系统的存储转发部分，NVR与视频编码器DVS或网络摄像机协同工作，完成视频的录像、存储及转发功能。NVK实质上是个"中间件"，负责从网络上抓取视频音频流，然后进行存储或转发。NVR可以采用各种方式进行存储，如DAS、SAN、NAS等。

NVR的核心特点就是网络化。以IP码流形式上传到NVR，NVR不受物理位置制约，可以在网络任意位置部署。NVR系统是真正的数字化、网络化、开放化的系统。

另外，现在有一种新兴的网络存储技术即云存储技术，它是在云计算概念上延伸出来的一个新的概念。云存储是一个以数据存储和管理为核心的云计算系统。简单地说，就是将存储资源放到云上供人存取的一种新兴方案。使用者可以在任何时间、任何地方，透过任何可联网的装置连接到云上方便地存取数据。云存储不是指某一个具体的设备，而是指一个由许许多多个存储设备和服务器所构成的集合体。对于使用者而言，使用云存储是使用整个云存储系统带来的一种数据访问服务。

严格意义上来讲，云存储不是存储，而是一种服务。

未来存储方向是 DNA 存储技术，DNA 存储技术是一项着眼于未来的具有划时代意义的存储技术，它利用人工合成的脱氧核糖核酸（DNA）作为存储介质，具有高效、存储量大、存储时间长、节能、环保、不用电且免维护的优点。

DNA 存储技术作为数字存储媒介的显著优点之一是容量大。DNA 分子是一种令人难以置信的密集存储介质，1 克 DNA 能够存储大约 200 万 GB，相当于大约 300 万张 CD。用 DNA 存储数据保存时间可能长达数千年乃至上万年。

（四）显示设备

把摄像机采集的视频图像在监视终端设备上显示出来。显示设备有监视器、CRT、LCD 大屏、DLP 大屏、拼接屏、电视墙等。

监视器：视频监控系统的重要设备，系统前端中所有摄像机的图像信号以及记录后的同放图像信号都将通过监视器显示出来。

CRT 阴极射线管分黑白和彩色两大类。

LCD 大屏：LCD 即液晶，是组成屏幕的液状晶体在一个点可以由红、绿、蓝三基色叠加而成。点越多，分辨率越高，效果越好。

DLP 大屏：DLP 即数字光学处理器，DLP 大屏具有能同时处理六种颜色的能力。六种颜色为红、绿、蓝、黄、紫红、青。

拼接屏、电视墙：由多个监视器，配以钢板钣金喷塑墙体构成的超大屏幕电视墙体。

（五）控制设备

控制部分是实现整个系统功能的指挥中心。控制设备主要包括视频矩阵、操作控制台、视音频切换器、视频分配放大器、云台镜头控制器、画面分割器或多画面处理器、录像机、控制键盘等。

1. 视频矩阵

基本功能就是把任何一个通道的图像显示在任何一个监视器上。根据常见的接口类型，可分为 VGA 矩阵、AV 矩阵、RGB 矩阵、HDMI 矩阵、混合矩阵等。

2. 云台及解码器

"云台"是承载摄像设备及防护罩并能够远程进行上下左右全方位控制的平台（Pan and Tilt），叫 PTZ 控制（或操作）。

解码器，国外称为接收器/驱动器，在监控系统中对万向云台、变焦镜头、辅助开关等进行控制。

解码器收到矩阵主机控制器发来的控制信号，解码为电压信号，该电压信号直接驱动摄像机及云台的 PTZ 动作。

3. 画面分割器

可把多个影像同时显示在一个屏幕上。可以在一台监视器上同时显示 4 个、9 个、16 个摄像机的图像，也可以单独显示某一画面的屏。

4. 视频分配器

将一个图像信号分配给多个接收器，例如一台摄像机要接四台监视器。

5. 视频放大器

放大器可增强信号强度，使信号传输距离更远。

6. 控制键盘和控制台

控制键盘视频监控设备的平台，通过它可以切换视频、遥控摄像机的云台转动或镜头变焦等，它还具有对监控设备进行参数设置和编程的功能。

7. DVS

DVS（网络视频服务器）也称视频编码器，其作用是把模拟摄像机视频信号编码成网络信号。当模拟摄像机视频信号需要接入网络系统中的时候，需要用到编码器。

（六）管理

视频监控系统涉及大量的采集、传输、控制等产品，对于用户而言，如何能够简易便捷地对整个监控系统的运行状况了如指掌，对视频图像调度控制的方便简洁，对异常事件感知处理的一目了然变得尤为重要。

1. 客户端软件

客户端软件即网络视频监控软件，属于简易版的管理软件，集服务器端、客户端于一体，可实现单机运行，一般使用简易数据库（如 Access）。该软件可对视频监控系统中的网络编解码设备（如网络摄像机、网络球机、网络硬盘录像机、网络视频编码器、网络视频解码器等）进行统一管理，通过客户端软件可实现前端视频预览、历史数据回放下载、云台控制、报警联动、录像配置及流媒体转发等功能。

2. 平台软件

一方面，视频监控系统规模的不断扩大使得客户端软件难以满足其要求；另一方面，人们也更多地开始关注如何将高清视频监控系统和日常业务进行整合，实现资源的统一调度。此时，就需要搭建集中监控管理平台。平台软件相对客户端而言，系统更加稳定可靠，具备完善的系统管理、安全、数据更新与维护机制及信息分类与编码体系。

采用先进的软硬件开发技术，解决了综合安防系统集中管理、多级联网、信息共享、互联互通等问题。软件平台稳定、可靠、易用，集中管理视频监控系统中的各个模块，对资源进行统一调度，满足高清监控的需要。

从平台架构角度看，系统采用模块化设计，通过相应模块的添加即可实现系统的扩容与业务应用功能的增加，如中心管理服务器、流媒体服务器、报警管理服务器、电视墙代理服务器、存储管理服务器、网络存储服务器等。

从平台功能角度看，平台可以实现用户管理、权限管理、设备管理、实时监控、云台控制、录像存储、录像回放、语音对讲、报警管理、电视墙管理等功能，解决了综合安防系统集中管理、多级联网、信息共享、互联互通等问题。

第四章

数字视频对象加工流程及管理

第一节 前期准备

一、规范性约定

在数字化加工前，首先应该对将要数字化的视频数据进行包括应用级别及对应的技术参数、采集与处理、命名、质量管理等因素的规范性约定。在后续的数字化加工以及服务和保存的过程中，所有的数字化操作都要遵守这些规范性规定。

视频对象资源在进行数字化加工之前，就应该明确要加工完成的数字化成品的不同级别，并且在数字化加工过程中遵照相应级别的数字化相关技术参数。要注意的一点，视频对象资源数字化加工中，首先要产生母版级视频对象数据，后续是否要再数字化加工产生其他级别的视频对象资源，则视实际需要而定。视频对象数据可以根据目标视频资源的特点，选择相匹配的技术参数作为数字化加工的技术指标。

视频对象资源通过数字化加工，将产生和保留以下几种类型的基础视音频文件的一种或几种：视频文件、视音频合一的文件、音频文件、字幕文件、描述性文件、附属物文件。在实际工作实践中，视频对象资源的加工、保存和使用服务，均会有以上所述的基础视音频文件的一种或多种资源，并且一个视频对象资源可以由上述基础视音频文件的一种或多种组合而成。

根据实际工作中视频对象资源的内容，将视频对象数据文件划分为以下几种类型。

1. 母版级视频对象资源

指在做视频对象资源的数字化加工中，无论是再生性视频对象加工还是原生性视频对象加工，均要首先产生一个采用与节目源适配的最高分辨率、最高编码质量的方式单独保存的母版级视频对象资源。这类视频对象资源的内容包括与视频相关的独立的高质量视频文件，独立的高质量的音频文件，独立的字幕文件，视频相关的封面、海报、剧照、介绍等附属性文件，以及高质量的视音频合成文件。母版级视频对象数据，其目的是完整保留原始的视频对象资源的内容和视频效果，完整地录制和保留住音频对象资源的内容（如现场声、国际声等），该类型视频对象资源要做长期保存管理。

2. 编辑保存级视频对象资源

在进行视频对象资源数字化加工过程中，要对与视频对象相关的素材类视频对象数据进行数字化和保存，并且也要采用较高分辨率、较高编码质量的方式进行数字化加工，加工完成的数字化文件就是编辑保存级视频对象资源。这类视频对象资源的内容包括独立的高质量的视频文件、独立的高质量的音频文件、独立的字幕文件、视频相关的附属性文件以及高质量的视音频合成文件，都应该进行保存管理。后续针对视频对象资源的再加工、再编辑，以此版本的视频对象文件为基础进行相关处理。

3. 存储级视频对象资源

在进行视频对象资源数字化加工后，要通过数字化手段制作或者摄制出完整的一套视频资源，用于未来的视频对象资源的保存和对外服务，即为存储级视频对象资源。这类视频对象资源的内容包括视音频合成的文件、独立的字幕文件、视频相关的附属性文件。

4. 发布级视频对象资源

在存储级视频对象资源的基础上，制作出仅仅用于对外服务应用级别的发布级视频对象资源。这类视频对象资源的内容包括视音频合成的文件、视频相关的附属性文件等。因为这类视频对象资源主要面向不同终端、不同目标的对外服务，故在数字化加工中要采用兼顾编码质量和压缩效率的技术参数。在实际工作中，要充分考虑到用户的使用需求以及当前移动端服务的普遍化、泛在化、碎片化、实时化趋势，发布级视频对象资源要支持网络传输、直播传输以及流媒体方式。

在进行视频对象资源数字化加工之前，必须明确本次数字化加工将要产生哪些类型的文件，并针对不同类型的文件规定其对应的技术参数。

值得注意的是，视频对象资源数字化加工过程中还会数字化产生独立的音频对象资源，如表4-1所示。因此，对于不同级别的音频对象资源的技术指标也是应该对照执行的。

表 4-1 独立的音频对象资源技术指标

不同级别	采样频率	位深度	编码	文件封装格式
母版级	48 千赫、44.1 千赫	24 位	LPCM	WAV
编辑保存级	48 千赫、44.1 千赫	24 位	LPCM	WAV

二、采集源准备

在进行视频对象资源数字化加工之前，需要全面熟悉将要数字化加工的视频对象资源的原始文件的载体及内容，也需要全面策划要拍摄的视频对象资源的内容。在再生性视频对象资源的数字化加工中，一定不能对原始的视频对象资源及其介质产生任何影响或损坏。在原生性视频对象资源的数字化加工过程中，一定要完整地拍摄（录制）视频对象的所有内容，包括其背景音、画外音等。

(一) 再生性视频对象资源的采集源准备

1. 视频对象资源盘点

针对具有实体载体介质的视频对象资源，需要进行完整的"出库登记"记录操作，有出库交接单，详细记录视频对象资源实体的标识号、库存标识、库存状态、件数、载体介质、处理方法、时间、交接人员等相关信息。

待拿到视频对象资源实物后，需要对实体载体以及视频对象文件进行检查。一方面检查原始载体的介质现有状态，包括是否有盘片划痕、断裂、绕带、粘连、脱落等；另一方面要检查原始载体的清洁状态，包括是否有发霉，是否有污垢、灰尘等。

2. 视频对象资源实物修复处理

基于保护原始视频对象资源的原则，采用较为成熟的技术进行原始载体的清洁和修复处理。

对原始视频对象资源介质进行清洁处理，要采用对碟片、磁带、胶片等介质不会造成损毁的干性方式（除尘、真空、抗静电刷），采用清淡、低泡、中性溶液清洗，采用盘片清洁剂或采用超声波除尘等。

对原始视频对象资源进行修复处理，要根据介质存在的问题区分对待。对于磁带断裂和绕带的情况进行手工处理，磁带断裂，采用胶带拼接；磁带绕带，手工整理，采用专用仪器进行正反倒带复制；盘片划痕读不出数据，采用软件恢复拷贝；在胶片采集前要对胶片进行去灰尘和去静电处理，而对于放音设备的磁头和唱针也要进行检查和相应的处理。

注意：绝对不能回转或播放有问题的磁带，否则整个磁带会断裂。

（二）原生性视频对象资源的采集源准备

在实际工作中，会有较多原生性的视频对象资源的数字化生产：可以将原生性视频资源按照数字化制作的方式分为讲座类视频资源和加工类视频资源。

原生性加工类视频对象资源的制作，是基于已有的数字素材（图书、图片、视音频等），制作出与数字素材内容相关的视频对象资源。对于此类视频资源的数字化建设，要在前期准备阶段，进行资源制作的选题、素材的收集、视频编辑工具的准备以及字幕文件编辑等工作，进而确保在数字化加工过程中，视频制作和编辑达到预期的效果。

第二节　数字化加工处理

一、视频对象资源的组成

视频对象资源与音频对象资源有所不同，数字化加工产生的视频对象一般会包括以下一种或多种资源的组合体：视频文件、音频文件、视音频合一的文件、字幕文件、描述性文件、附属物文件。

单一的视频文件指只有视频信息的单一的文件。在进行视频拍摄、视频编辑后会产生单一的视频文件。通常通过摄像机、录像机、视频拍摄器、视频编辑器或者非线性编辑系统产生单一的视频文件。在进行数字化加工时，首先必须数字化产生最高分辨率、无压缩的单一视频文件。

单一的音频文件指只有音频信息的单一的文件。在进行视频拍摄过程中，为最大限度地保留视频内容，同时方便后续的再加工和编辑，均会多声道独立存储单一的音频文件。此类音频文件，可以是人的语音，也可能是录制过程中的背景音。为了保障录制的完整性、后续的编辑加工的质量，音频文件要采用压缩的编码方式进行保存。视频对象资源可以包含一个或多个音频文件，这些音频文件可以是多声道内容的不同声道，或者多语种内容的不同语种，或者包含节目的国际声、现场声等。

视音频合一的文件指将视频信息与音频信息融合在一起的视音频文件。这类文件是用户常见的视频文件的形式，就是视频的画面与音频的语音紧密配合在一起，成为一个完整的视音频文件。在制作视音频合一的文件时，要注意在保证图像和声音质量的前提下尽量降低码率，进而可以减少视音频文件的存储成本，降低视音频文件通过网络提供服务所需带宽消耗一个视音频合成文件，会由一个视频文件与一个或多个音频文件的组成在数字化加工中，可以根据资源保存、资源服务以及服务的不同渠道的需求，将视音频合一文件制作成不同的分辨率、不同的码率，进而可以提供不同质量的视频内容，适配用户的选择或网络环境。

字幕文件指视音频资源制作过程中使用的，或在提供服务时随视音频文件显示的字幕信息的文件。在进行视频对象资源数字化加工中，一定要将字幕文件制作成独立的工程文件，并且该字幕工程文件是可以被编辑、修改和再加工利用的文件。此外，可以根据业务的需要，单独对字幕文件进行语种的翻译。在提供服务时，可以将视频文件与单独的字幕文件打包在一起，形成一个完整的视频文件；也可以将多个字幕文件与视频文件打包在一起，在服务时由用户自由选择自己想要的字幕文件（如多语种）。因此，一个视频对象资源可以包含一个或多个字幕工程文件，包含一个或多个发布用的字幕文件。

附属物文件指与数字化加工视频对象资源相关的文本、图像等附属物件的数字化文件。为了保证数字化加工的完整性、对原始视频内容的复制性，与视频对象资源相关的附属物资源也要根据附属物的资源类型，遵照相应的资源加工规则。例如，附属物是文字类介绍，则要按照文本数字化的规则进行数字化加工；附属物是音频的介绍类的图片，则要按照图片数字化的规则进行数字化加工。必须注意一点：在附属物完成数字化加工后，必须将视频对象资源与其所包含的一个或多个附属物件，通过元数据实现关联，进而形成此视频对象数据的完整的数字化对象。

描述文件也就是该视频对象资源的标引文件在进行视频对象资源数字化加工中，一定要详细记录该视频对象的相关信息，例如，视频名称、题名、责任者、主题、出版、载体形态、内容摘要、语种、标识符等基本信息以及与视频相关的片段、分集以及文件格式、版权信息、加工技术指标等信息。一个视频对象资源通常包含一个描述文件。描述文件对于视频对象资源的数字化加工，是不可缺少的一类文件。

二、视频对象资源的技术参数

进行视频对象资源数字化加工操作，其目标无论是要对视频对象资源进行数字化保存还是为未来利用数字化资源提供服务，均应该综合考虑到视频对象资源的内容多样性和使用场景复杂性，不同规格的视频对象数据要分别采用相应的技术参数进行数字化加工操作。

视频对象资源数字加工过程中，有四个非常重要的技术参数，是需要在数字化操作前就确定下来，并且在数字化过程中遵照和使用的，参数包括视频分辨率、视频帧率、视频码率、视频封装格式。

（一）视频分辨率

视频分辨率又可称为视频解析度、解像度，指的是视频图像在一个单位尺寸内的精密度。分辨率决定了视频图像细节的精细程度，是影响视频质量的重要因素之一。对于数字化加工的视频对象资源，通常包括母版级、编辑保存级、存储级以及发布级四个不同级别，每个级别对应的视频文件的分辨率有较大区别，如表4-2所示。

表4-2　不同级别的视频对象资源的分辨率

加工级别	类型	分辨率
保存、发布服务用高码率	超高清视频	3 840×2 160
	高清视频	1 920×1 080 或 1 280×720
	标清视频	720×576
检索浏览用低码率	超高清视频	960×540
	高清视频	960×540
	标清视频	352×288

在视频参数中经常会见到的"P"是Progressive的缩写，表示"逐行扫描"，720P指代1 280×720分辨率，表示视频的水平方向有1 280像素，视频的垂直方向有720像素。下面列举一些常见的像素值。

360P：代表640×360分辨率，是常见的标准电视格式（SDTV）。

540P：代表960×540分辨率，主要提供手机、PAD等移动端用户及部分PC端用户使用。

720P：代表1 280×720分辨率，通常简称为"高清"。720P是高清的最低标准，因此也被称为"标准高清"。只有达到了720P的分辨率，才能被叫作高清视频。目前这种分辨率在视频网站中使用得比较多。

1 080P：代表1 920×1 080分辨率，表示视频水平方向有1 920像素，视频垂直方向有1 080像素，也被称为"全高清"这种分辨率较多地应用于电视、PC网络端以及手机等移动端使用。

2 160P：代表3 840×2 160分辨率，表示视频水平方向有3 840像素，视频垂直方向有2 160像素，也被称为"超高清"。从分辨率来看，

2 160P 的清晰度达到了 1 080P 的 4 倍，主要应用于电视行业、电影行业、手机行业等。

（二）视频帧率

视频帧率表示视频内容以帧为单位的位图图像，连续出现在显示器上的频率（速率）单位为"帧/秒"。每秒钟的帧数（FPS）越多，视频显示出来的画面越流畅。

在数字化加工视频对象资源时，通常采用标准的 PAL 制式的帧率 25 帧/秒，部分视频为 15 帧/秒，对于 Full HD 全高清视频，帧率为 25 帧/秒或 30 帧/秒，4K 超高清视频帧率为 50 帧/秒。

需要注意的，应用于视频网站的全高清视频所对应的帧率，是与电视上的全高清视频的帧率有所不同的。视频网站应用的视频的 25 帧/秒或 30 帧/秒相当于广播电视行业使用的 1 080 50i 和 1 080 60i。

（三）视频码率

视频码率是数据传输时单位时间传送的数据位数，单位为"bit/秒"。通俗地可以将码率理解为取样率，单位时间内取样率越大，视频的精度就越高，数字化处理产生的文件就越接近原始文件，视频画面的细节越丰富，视频的画面质量越高。常见的几类视频码率如表 4-3 所示。

表 4-3　不同类型视频对象资源的关键技术参数

类型	视频分辨率	视频帧率/（帧/秒）	视频码率
2 160P	3 840×2 160	50	20 Mbit/秒
1 080P	1 920×1 080	25/30	2.8 Mbit/秒
720P	1 280×720	25	1.5 Mbit/秒
540P	960×540	25	800 kbit/秒
360P	640×360	25	300 kbit/秒

（四）视频封装格式

视频封装格式指将已经编码压缩好的视频轨和音频轨按照一定的格式放到一个文件中。常见的视频文件封装格式包括 AVI、FLV、MKV、MOV、MP4、RM/RMVB、TS、WMV 等。

随着数字技术和网络技术的发展，为了保障视频的播放效果、提升网络适应性，视频网站较为普遍地采用 FLV、MP4、HLS 作为视频文件的封装格式。

素材交换格式 MXF 是美国电影电视工程师协会（SMPTE）定义的一种视音频媒体容器格式。作为视音频文件的封装"容器"，MXF 既可以支持流媒体传输，又可以支持视频文件的传输。MXF 封装格式目前主要应用于影视行业的媒体制作、媒体编辑、媒体发行和存储管理等。MXF 格式的视频文件可以使用爱奇艺万能播放器、AVC 视频转换器、VLC 播放器读取。

MP4 全称 MPEG-4（pat14），是一套用于音频、视频信息的压缩编码标准，由国际标准化组织（ISO）和国际电工委员会（EC）下属的动态图像专家组（MPEG）制定。MP4 封装格式被广泛应用于封装 H.264 视频和 AAC 音频，可以看作是高清视频的封装格式代表。此外，因为 MP4 封装格式具有较好的适用性，可以支持多种类型的终端、多种类型的播放器，既适用于普通的个人计算机视频播放，又适用于互联网视频服务、光盘、语音视频电话以及电视广播等，是跨平台表现最为突出的视频封装格式。

WMV 是微软推出的一种流媒体格式。WMV 封装格式具有多语言支持、环境独立性等优点，WMV 格式的视频文件可以在网络环境下同时进行播放与下载，因此非常适合网络播放和网络传输

TS（传输流）是一种高清视频封装格式，常见于 HDTV 文件。TS 封装格式能够封装多音轨、多个字幕文件，具有较灵活的特性 TS 封装格式的视频的分辨率通常有以下三种标准：720P（1 280×720）、1 080P（1 920×1 080）、2 160P（3 840×2 160）。TS 封装格式支持对视频流的任何片段都可以独立解码，具有良好的容错能力，支持视频播放的硬件设备较为宽泛，广泛应用于电视台、数字广播、手机等需要实时传输视频资源的领域。

三、视频对象资源附属物处理

视频对象资源在进行数字化加工时，还需要对与视频对象资源相关的文本、图像等附属物件进行数字化加工操作。例如，视频对象资源常常有介绍性的文字材料、海报、封面图等，讲座类的视频对象资源还有与讲座主讲人相关的介绍性材料、背景图、主讲人头像等相关资源。在进行数字化加工过程中，一定要根据附属物的资源类型，遵照相应的资源加工规则进行数字化加工。

在视频对象资源的附属物中，还有一类比较重要的附属资源是字幕文件。字幕文件对于视频内容的揭示很重要。因此，在数字化加工中，字幕文件有一些特定的技术要求，如表 4-4 所示。

表 4-4　字幕文件的技术要求

字幕文件细节	数字化要求
字幕字数	画幅比例为 4∶3 的视频，每行字幕不超过 15 个字；画幅比例为 16∶9 的视频，每行字幕不超过 20 个字
字幕行数	每屏只有一行字幕
字幕的位置	每个视频中字幕出现位置保持一致
字幕时间	字幕时间与视频音频的同步性误差应小于 0.5 秒；全场视频存在同步性误差的字幕不应超过 10 行
字幕文字	字幕文字编码格式为 Unicode（UTF-8）；字幕要使用符合国家标准的规范字，不出现繁体字、异体字（国家规定的除外）、错别字；字幕的字体、大小、色彩搭配、摆放位置、停留时间、出入屏方式力求与其他要素（画面、音乐）相协调，不能破坏原有画面
字幕中标点符号	字幕中标点符号的使用必须规范，在每屏字幕中用空格代替标点表示语气停顿，所有标点及空格均使用全角
字幕的断句	断句不能简单地按照字数断句，要以字幕内容作为断句依据
特殊情况	不适合用文本形式呈现的内容，如数学公式等，可以不加配字幕

在附属物完成数字化加工后，还需要将视频资源与其所包含的一个或多个附属物件，通过元数据实现关联，进而形成此视频对象资源的完整的数字化对象。

四、视频对象资源数字化加工示例

下面以实际工作的流程为例、讲解视频对象资源数字化加工的流程和技术要求。

（一）原生性视频资源数字化加工

原生性视频资源的数字化加工过程，是通过拍摄、摄制形成视频对象资源或将图片、音频及背景音乐等进行编辑、整合，生成视频对象资源。下面以公开课讲座的视频资源建设为例进行举例说明。

一般来说，在进行原生性视频对象资源的数字化制作工作需要包括三个阶段：前期准备阶段、拍摄制作阶段、后期加工阶段。三个阶段要有继承性、连续性和一致性。

1. 前期准备阶段

前期准备阶段是对原生性视频对象资源的内容选择和拍摄准备工作。内容选择上，所选课程视频应具有开放性、知识性、互动性等特点，无政治性、原则性、意识形态以及知识性的错误；拍摄准备上，要按照数字化制作中需要的技术指标和环境要求，对相关的拍摄对象及场地、环境等进行了解、勘察；拍摄设备及器材的准备和检查；拍摄人员确定、合理分工等工作。

2. 拍摄制作阶段

拍摄采访是原生性视频对象资源数字化加工中获取影像和声音材料的最重要环节。在拍摄中，要以被拍的对象为基准调焦，将画面记录于摄像器材。按摄取画面的范围分为远景、全景、中景、近景、特写和显微等。摄像技巧包括镜头的运用——推、拉、摇、移、跟等，镜头的组合——镜头拍摄的淡出、淡入、切换及叠化等。在起幅的广角阶段和落幅的长焦阶段以及变动镜头焦距或移动机位，始终保证镜头立面框架对准被拍对象进行拍摄，同时，还要注意拍摄现场的声音的录制和控制。一般而言，拍摄是既要声音、又要画面，特定情况下会有重点：有时以声音为主，有时以画面为主，有时以特定细节为主，需要注意。

3. 后期加工阶段

完成拍摄工作后，后期加工是做视频对象资源处理比较重要的一项工作，这个阶段要按照数字化加工处理中，不同级别视频对象资源的技术指标，处理拍摄获取到的素材以及文件。原生性视频对象资源的加工，必须生成母版级视频对象数据、编辑保存级视频对象数据以及存储级视频对象数据；是否要加工生成发布级视频对象数据，则要视具体业务需求而定。

在母版级、存储级视频对象数据的加工中，必须保证有独立的视频文件、独立的音频文件、独立的字幕工程文件以及视音频合一文件。这些独立的文件是最大限度地保留录制现场以及录制对象的声音、动作和行为的记录，是原生性视频对象资源数字化加工最重要的实现目标。存储级视频节目资源对象、发布级视频节目资源对象数据的加工中，只需要有视音频合一文件、字幕文件即可。

此外，公开课讲座视频的数字化制作过程，除视频、音频文件外，还要注意与讲座课程相关的附属文件，如字幕文件、讲座的封面图、讲座的背景图、教师的头像、教师的授权等内容，都需要按照所属资源类型的数字化加工规范进行数字化加工，并保留数字化文件。

(二) 再生性视频资源数字化加工

再生性视频对象资源的数字化过程，要将原始的视频资源进行完整采集，并注意分辨率、视频帧率、色度抽样以及视频码率等技术参数的设置再生性资源的数字化处理过程可分为内容采集、压缩转换、视频编辑、附属物件处理等环节。

1. 内容采集

再生性视频对象资源在数字化加工中，比较重要的一个环节就是对原始的视频对象资源进行内容采集。对于原始视频对象资源是模拟视频的情况，可通过视频采集卡将所有内容完整地采集并进行存储及管理；对于数字磁带的视频内容的采集，时通过视频采集卡和数据线将磁带上的内容完整地进行采集和存储；对于数字视频光盘，听通过视频文件读取软件将视频内容、片花、花絮、字幕等信息，完整地拷贝到存储设备上进行存储管理。

2. 压缩转换

根据数字化加工的目标以及未来是否要提供服务等条件，来确定不同级别的视频对象数据的压缩方式。

3. 视频编辑

在完整采集到原始的视频对象资源的所有内容后，还需要进一步进行编辑加工。针对母版级、存储级视频对象数据，在保证有独立的视频文件和独立的音频文件基础上，还需要编辑加工出一份视音频合一的文件。此外，在视频编辑的工作中，还需要对视频的色彩饱和度、亮度、对比度等进行处理，对片头、片尾及字幕进行加工等操作。此处一定要注意，对于母版级视频对象数据的编辑，只能是视频与音频合一的编辑，不能做任何对原有素材编辑、改变的操作。

4. 附属物件处理

要重视视频对象资源的所有相关附属物件的数字化处理。一般的视频对象资源常常会有视频的介绍性材料、视频介质的印刷物（封面、海报等），这些附属物的数字化处理同样重要，一定要按照所属资源类型的数字化加工规范进行数字化加工，并保留数字化文件。

第三节　数字视频对象的管理

一、质量管理

质量管理是视频对象资源数字化加工生命周期中必不可少的阶段，而且应该贯穿于整个数字化加工过程，不但应该在数字化加工前期准备、加工过程中，还应在数字化成品的保存和利用的过程中。通过质量管理，检查和核查数字化加工产生的数字化产品的数字内容、技术指标以及数据质量是否达到预期的标准和目标。在实施质量管理工作时，时以使用技术手段、工具软件以及人工核查等方式操作。

（一）数字化加工过程中的质量管理

进行视频对象资源数字化加工过程中，应该按照前期准备阶段的规范性约定中的技术指标、处理规则以及规范要求进行数字化操作，并由负责质量管理的人员对加工环节进行全面的质量管理。质量管理的范围包括一致性、完整性、技术指标满足性等。在加工过程中的质量管理，必须对数字化加工的所有数字化成品进行全部内容、全部范围的质量管理，不能出现漏检、漏查的情况。

1. 一致性质量管理

在数字化加工过程中，专业的加工质量管理人员对加工中的视频资源通过全程跟踪、关键节点监听等方式，确保数字化加工后的视频对象资源与原始视频对象资源一致，如果出现不一致要及时暂停数字化加工，并查找相应的问题。在实际的工作中，也可以根据待数字化加工的视频对象资源的内容和时长，定义关键事件及时间节点，对行点进行监听，进而提高数字化加工过程中的质量管理能力。

在监听过程中，要特别注意在数字化过程中是否出现视频画面抖动、偏移、白屏、移动过快、颜色失真等问题，声音是否出现噪声、颤抖、声音与画面不同步、出现其他干扰音、无声音等问题。如果有，则要立刻停止数字化加工，并要求数字化加工人员进行调整和重新数字化加工。

2. 完整性质量管理

在数字化加工过程中，由专业的加工质量管理人员对加工中的视频对象资源，从完整性角度进行质量管理，检查数字化后的视频对象资源是否与原始视频资源时长一致、关键时间节点的画面内容一致、不能出现缺画面、空门画面等情况。如果出现任何与原始视频不一致的问题，均要做详细记录，并要求数字化加工人员查找问题所在，重新进行数字化加工。

3. 技术指标满足性质量管理

在数字化加工过程中，由专业的加工质量管理人员对加工中的设备所设置的技术参数进行核查，尤其要注意同一批视频对象资源在不同时期进行数字化加工时，技术参数要保持统一。要对数字化视频资源的关键技术参数，包括视频分辨率、量化位、通道数，音频的采样频率、位深度、编码方式等逐一进行检查，要保证数字化加工过程中技术参数的设置与数字化加工前期准备阶段的规范性约定中的技术指标一致。如果发现任何不一致或者配置错误的问题，应该立即停止数字化加工操作，并对相关情况做详细记录，并要求数字化加工人员查找问题所在，重新进行数字化加工。

（二）数字化成品的质量管理

在完成视频对象资源数字化加工后，对数字化成品的质量管理更为重要。在这个阶段中的质量管理，着重于数字化成品的视频对象数据质量管理、附属物质量管理以及存储介质质量管理。质量管理由质量验收相关人员执行，可以采用全部内容完全检查、按一定比例的采样抽检以及多轮变化比例的抽检的方式进行。

一般来说，在进行数字化成品质量管理中，应该设置一个错误率数值（例如0.1‰~0.3‰），在这个错误率范围内的数字化成品，可以进行修正。一旦错误率超过这个错误率范围，视为数字化成品不合格，则需要将发生错误的批次全部返回到数字化加工流程，重新进行数字化加工。

1. 视频对象资源数字化成品质量管理

在进行视频对象资源数字化加工后，数字化成品包括较多类型的文件，不但有独立的视频文件、独立的音频文件，还有视音频合一文件。因此，对视频对象资源成品进行质量管理，不仅要包括对所有类型的对象数据的质量管理，而且还要包括元数据、对象数据加工信息表、各种类型的对象数据加工说明文件等。

在视频对象数据的技术参数质量管理上，要对所有独立的视频文件、独立的音频文件、视音频合一文件进行逐一的检查。视频文件要检查文件中是否有黑屏、白屏、空白帧、色彩突变、镜头抖动、画面跳跃、画面模糊、赘余视频片段以及视频内容缺失等情况。音频文件要检查文件是否有停滞、无声、噪声、混音、模糊、失真、有交流声或其他杂音、内容不完整等情况。视音频合一文件要检查是否有黑屏、白屏、空白帧、镜头抖动、画面跳跃、画面模糊、赘余视频片段、视频内容缺失、画面与声音发生错位、伴音失真、噪声杂音干扰、音量忽大忽小现象等情况。不符合质量要求的视频对象数据，应进行详细记录，并返回给数字化加工部门进行校正或重新制作。

在视频对象数据的内容质量管理上，母版级、编辑保存视频对象数据的数字化成品，必须保留原始的视频对象资源所有信息，进而保持原始视频对象资源的完整性；数字化加工时如有A/B面的情况，数字化加工后也要体现出A/B面的物理特性。存储级、发布服务级视频对象，在完整继承母版级、编辑保存级文件的内容基础上，还应体现出独立的内容单元，检查是否有不同内容单元保存在一个个体中的情况。如果出现任何内容缺失、内容错误、内容重复的情况，则要进行详细记录，并返回给数字化加工部门进行校正或重新制作。

在视频对象数据的元数据质量管理上，要核查元数据是否符合标准规范的要求、是否准确描述视频对象、是否有错字、标引不准确等问题。

2. 附属物质量管理

一般来说，在进行视频对象资源数字化加工时，必须同时对视频对象资源的附属物一同进行数字化加工。在数字化成品质量管理中，必须要对附属物进行质量管理。

视频对象资源的附属物中，比较重要的一类资源是字幕文件。字幕文件要作为独立的文件，以工程文件（如 SRT 格式）的形式存在。在字幕文件的质量管理上，要注意字幕的位置是否每个画面均相同、每行的字幕字数是否符合要求、字幕中是否有错别字、文字编码是否正确、标点符号以及断句是否正确、字幕是否与画面内容一致等。

在附属物质量管理中，还要注意与讲座课程相关的讲座的封面图、讲座的背景图、教师的头像、教师的授权书等内容的质量管理。检查所有文件是否可以正常地打开、是否有病毒、是否正常显示、技术指标是否正确。还需要检查附属物对象文件的保存位置是否与数字化加工前期准备阶段约定位置一致、附属物与视频对象数据的关联关系是否正确。

当检查发现附属物数字化资源出现问题，需要在详细记录问题的基础上进行修改。如果是缺失性问题、加工技术参数错误类问题，则需要返回到数字化加工阶段重新进行数字化加工。

二、标记

标记是要对数字化加工产生的视频对象数据，进行规范化的命名和管理。无论是数字化成品的元数据、单一的视频对象数据、单一的音频对象数据，还是视音频合一对象数据以及附属物文件等，都要在统一规范的命名规则下进行命名。数字化加工产生的成品视频对象资源相关数据，以一个资源对象为单位，该视频对象资源包含的所有文件均应保存在同一个文件夹下面。

在对数字化成品的文件及文件夹标记时，要用唯一的标识来进行命名，标识不能有重复，并且标识结构要具有连续性和一致性。当文件名称采用流水顺序号时，同一数据的流水号不得有跳号情况，要按顺序排列命名推荐采用资源代码、资源级别代码、资源名相结合的方式组成视频对象资源数字化成品的命名，各部分直接连接，不使用连接符号。

视频对象资源数字化成品的文件及文件夹命名必须严格遵守计算机系统对文件命名的限制，即不能有汉字或者特殊字符。文件命名方式不能依赖于某种处理方式或者系统，必须是长期可用的。标识具有唯一性、连续性，不能与其他资源的标识符重复。文件扩展名采用三位半角小写字母。

对于同一个视频对象资源，其所有的数字化对象文件保存在同一个文件夹下，不同类型的对象文件的文件名前缀应相同，根据文件类型不同、分辨率和码率不同，在文件名的后缀部分做区分。其中，为了清晰地区分不同级别的对象资源，分别用字母 M 表示母版级视频对象资源，字母 A 表示编辑保存级视频对象资源，字母 S 表示存储级视频对象资源，字母 P 表示发布级视频对象资源。

三、保存和利用

数字化加工生成的成品视频数据，一定要实施长期保存。完成长期保存的工作，后期再按需求进行相应的服务和应用。在视频文件的保存和利用上，必须完整地保存视频对象包含的元数据、对象数据、说明文件以及视频对象的所有附属物相关数字化文件。

（一）保存

在进行视频对象资源数字化加工的工作时，必须明确遵照一个原则——所有数字化成品数据必须进行长期保存管理，此后再根据需求有选择地建设其他服务文件。在实际应用中，不同机构可以根据本机构的资金条件、服务需求、使用目的自由选择存储介质。

在数字化成品文件的保存上，一般分为四种类型的保存：在线保存、近线保存、离线保存和过程保存。

在线保存指数字化数据保存在服务器上，随时可以根据需要进行读取和调用。在实际应用中，常用服务器存储、磁盘阵列存储等存储管理模式实现在线保存。视频对象数字化产品中，发布级视频对象资源主要采用在线保存的方式进行保存和管理。

近线保存指数字化数据保存在服务器存储或者磁盘阵列、磁带库存储上，根据业务需求可以在有一定时间延迟的情况下，提取或展示出数字化数据。在实际工作中，可以采用综合成本稍低的低速磁盘阵列或者磁带库进行近线保存管理，进而在保证数据安全的情况下，保障近线数据的可读性和可访问性。编辑保存级视频对象资源、存储级视频对象资源可以采用近线保存的方式进行保存和管理，满足视频内容编辑、数据提取以及再加工等业务操作的需求。

离线保存指数字化数据保存在离线的存储介质上，一般来说通过磁带库、光盘以及缩微胶片来实现离线保存的功能。从数字资源管理上来说，数字化数据的长期保存级数据进行长期保存，原则上要通过离线保存的模式，对长期保存级数据不再提取或者使用。部分珍贵资源的长期保存级数据还通过数转模技术制成缩微胶卷进行保存。母版级视频对象资源通过离线保存的方式进行保存和管理，并且定期对离线保存的介质和系统进行长期保存管理，进而保障长期保存的数字资源的长期可用性。

在视频对象资源数字化加工及管理过程中，还需要进行过程保存。可以使用移动硬盘作为过程保存的存储介质，用于数据交接、数据验收、提交发布、提交保存等过程环节，待数字化成品数据完成长期保存和提交发布业务，标志着过程保存的工作结束，就可以将移动硬盘格式化，重新释放存储空间。

（二）利用

数字视频对象资源加工处理后，会产生多种不同用途和级别的视频对象数据文件。一般来说，视频对象数据分为母版级视频对象资源、编辑保存级视频对象资源、存储级视频对象资源、发布级视频对象资源，分别满足数字资源当前与长期利用的需要。因此，在视频对象数据的利用和管理上，要区分对待不同级别的数据和文件。

母版级视频对象资源，是作为视频对象资源数字化加工产生的最完整、最复原化的数字化成品，要进行长期保存和妥善管理，不能对这类资源进行提取、频繁读写。在长期保存这类资源的过程中，要制定合理的长期保存策略，并通过技术手段保护视频对象数据的安全，使其具有长期可用性。

编辑保存级视频对象资源，是以编辑保存为目的的数字成品，在实际应用中，可以对此级别的数字对象进行编辑和再利用，进而生产出服务级的对象资源。存储级视频对象资源、发布级视频对象资源都是经过编辑再加工产生的视频对象资源，他们都是面向最终的用户服务而产生的文件，也可以看作是原始的、母版级的视频对象资源的替代性资源。在对存储级视频对象资源、发布级视频对象资源进行利用时，要根据终端用户的需求、提供服务的渠道、编码质量以及压缩效率等因素，分别提供相适应的超高清资源、高清资源以及标清资源等不同级别的服务级文件。

第五章

数字视频处理技术的多维应用

第一节 三维建模和动画制作

一、三维建模

（一）三维模型

随着计算机技术和信息技术的不断发展进步，三维建模技术发展迅速，人们对图像的要求也越来越高，不再满足于以往平面所显现的图像，在三维空间上表现人和物是发展趋势。三维模型表现力强，能够表现一些结构复杂的物体，以及人们一般看不到的物体的内部结构，这样不仅能够为用户提供身临其境的感受，还提高了人和物等各种形态的逼真性。

任何物体都可以用三维模型表示。三维模型是物体的多边形表示，通常用计算机或者其他视频设备进行显示。显示的对象可以是现实世界的实体，也可以是虚构的物体。

三维模型应用广泛，可应用于媒体、影视娱乐、广告、建筑行业、机械制造及工业设计、医疗卫生、军事、教育培训、生物化学工程等多个领域。

（二）三维建模技术

三维建模是许多研究与应用领域的关键技术。创建物体的三维模型主要有三种手段：三维软件建模、利用仪器设备建模和基于图像或者视频建模。

1. 三维软件建模

传统的三维建模主要使用基于几何造型的建模方法。通过使用几何造型软件，创建出物体的三维模型。

几何建模技术的研究对象是对物体几何信息的表示与处理，它能将物体的形状存储在计算机内，形成该物体的三维几何模型，并能为各种具体对象应用提供信息，如能随时在任意方向显示物体形状，计算体积、面积、重心、惯性矩等。

目前，在市场上有许多功能强大的三维建模和动画制作软件，如 Autodesk 公司的 AutoCAD、3ds Max、Maya、Softimage，Robert McNeel&Assoc 公司的 Rhino，New lek 公司的 LightWave 3D，以及开源的跨平台全能三维动画制作软件 Blender 等。

2. 利用仪器设备建模

三维扫描仪又称为三维数字化仪，是当前使用的对实际物体三维建模的重要工具之一。它能快速方便地将真实世界的立体彩色信息转换为计算机能直接处理的数字信号，为实物数字化提供了有效的手段。

三维扫描仪与传统的平面扫描仪、摄影机、图形采集卡不同之处在于以下几点。

（1）三维扫描仪扫描对象是立体的实物，而不是平面图案。

（2）通过三维扫描仪扫描，可以获得物体表面每个采样点的三维空间坐标，彩色扫描还可以获得每个采样点的色彩。某些扫描设备甚至可以获得物体内部的结构数据。而摄影机只能拍摄物体的某一个侧面，且会丢失大量的深度信息。

（3）三维扫描仪输出的是包含物体表面每个采样点的三维空间坐标和色彩的数字模型文件，可以直接用于 CAD 或三维动画。彩色扫描仪还可以输出物体表面色彩纹理贴图。

3. 基于图像或视频建模

传统的三维建模工具虽然日益改进，但构建稍显复杂的三维模型依旧是一件非常耗时费力的工作，而人们要构建的很多三维模型都能在现实世界中找到或加以塑造，因此三维扫描技术和基于图像建模技术就成了一个理想的建模方式。但二维扫描技术一般只能获取景物的几何信息，而基于图像建模技术为生成具有照片级真实感的合成图像提供了一种自然的方式，因此它迅速成为计算机图形学领域中的研究热点。

通常所说的基于图像建模指利用图像来恢复出物体的几何模型，这里的图像包括真实照片、绘制图像、视频图像以及深度图像等。而广义的基于图像建模技术还包括从图像中恢复出物体的视觉外观、光照条件以及运动学特性等多种属性，其中的视觉外观包括表面纹理和反射属性等决定模型视觉效果的因素。

近几年来，基于图像的建模方法获得了迅猛发展并取得了显著的成果。利用深度图像进行建模的研究十分活跃，尤其是在室内场景、人体（动作）、特定物体集合的重建研究中取得了较大的进展。目前，单幅结构场景图像的三维建模是计算机视觉与人工智能以及虚拟现实等领域的热点问题。

基于图像建模技术相对于传统的建模方法，具有简单、快速、真实感强等特点，在实际中获得了广泛的应用。特别是随着计算机图形学、虚拟现实等领域对复杂真实感模型需求的增加，基于图像建模技术将得到更大的发展和应用。

4. 三维建模方法

目前三维建模的方法很多，其中主要有 Mesh 网格建模、多边形建模和 NURBS 曲面建模等。

（1）Mesh 网格建模是历史最悠久的建模方法，其模型由被称为"面"的许多相互连接的小三角形组成，每个"面"有不同的尺寸和方向，通过排列这些面，可以用简单的模型结构建立出复杂的三维模型。Mesh M 格模型还易于进行动画编辑，通过改变面的尺寸和方向，便可以制成弯曲、扭转、变形等简单的动画或复杂的动画等。

（2）多边形建模（Polygon 建模）是目前三维软件流行的建模方法之一。可编辑的多边形对象包含顶点、边、边界、多边形和元素 5 个次级结构编辑层级，其编辑方法与可编辑网格对象相似。多边形建模首先使对象转化为可编辑的多边形对象，然后通过对该多边形对象的顶点、边、多边形等各种子对象进行编辑和修改来实现建模过程。多边形建模是动画、游戏制作领域最为常用的建模方式，通过使用足够的细节，可以创建任何表面。

（3）NURBS 曲面建模是"非统一均分有理性 B 样条"的意思。NURBS 建模是由曲线组成曲面，再由曲面组成立体模型，曲线有控制点可以控制曲线曲率、方向、长短等。NURBS 建模是目前流行的建模方法之一。凡是可以想象出来的东西都可以使用 NURBS 方法为其建模，NURBS 方法的优势是既具有多边形建模方式的灵活性，又不依赖于复杂的网格来细化表面。建模时可以使用曲线来定义表面，这些表面在视图中看起来细节较少，但在渲染时却有更高的精度。许多动画设计师使用 NURBS 方法创建角色模型，就是因为 NURBS 建模可以提供光滑的、更接近有机角色形态的表面，并使网格结构保持相对较低的细节，因此与其他建模方法相比，使用 NURBS 建模可以提高效率。

二、基于 3ds Max 的三维建模

（一）3ds Max 概述

3D Studio Max（简称 3ds Max），是美国 Autodesk 公司开发的三维物体建

模和动画制作软件,具有强大、完美的三维建模功能,是当今世界上最流行的三维建模、动画制作及渲染软件之一,集三维建模、材质制作、灯光设定、摄影机使用、动画设置及渲染输出于一身,被广泛用于三维动画、影视制作、建筑设计、游戏开发、虚拟现实等领域。借助 3ds Max 三维建模和渲染软件,可以创造宏伟的动画世界,布置精彩绝伦的场景以实现设计可视化,并打造身临其境的虚拟现实体验。

1. 3ds Max 软件的特点

(1) 面向对象的创作平台提供了友好的操作界面和直观简便的操作方式,使人们可以容易地创作出专业级的三维图形和动画。

(2) 具有无比强大的建模功能,提供了丰富的建模工具,包括基本建模和高级建模工具。前者用于构造长方体、圆球、圆柱和多边形等,后者用于制作山、水,以及不规则形体,如人体和动植物等。三维物体可以进行扭转、弯曲、缩放等变形操作,从而构建出更多、更复杂的三维物体。

(3) 具有材质和贴图编辑器,可对整个对象或部分对象进行颜色、明暗、反射、透明度等编辑处理。

(4) 具有丰富多彩的动画技巧,可以通过设置对象、摄影机、光源和路径等制作动画。

(5) 具有多种特殊效果处理技术,如淡入、淡出、模糊、光晕、云、雾和雨等,利用这些特殊效果处理,可以产生变幻莫测的神奇动画效果。

2. 3ds Max 的主要工作流程

3ds Max 的主要工作流程包括建模、赋予材质、设置摄影机与灯光、创建场景动画、制作环境特效以及渲染出图等部分,根据需求的不同,在流程上可能会有删减,但是制作的顺序大致相同。

(1) 建模。即创建模型,不论进行什么工作,总会有一个操作对象存在,创建操作对象的工序就是创建模型。3ds Max 软件中提供了许多常用的基础模型以供选择,为模型的创建提供了便利。

(2) 赋予材质。为操作对象赋予物理质感。每个物体都有其物理特性,如金属、玻璃等,鲜明的物理特点体现了其质地,在 3ds Max 中使用"材质编辑器"就能调试出真实质感的材质,让模型更加真实。

(3) 设置摄影机与灯光。创建摄影机时与在现实世界中一样,可以控制镜头的长度、视野并进行运动控制。3ds Max 提供了业界标准参数,可精确实现摄影机匹配功能。灯光则可以设置照射方向、照射强度、灯光颜色等,使其模拟效果非常真实。

（4）创建场景动画。利用 3ds Max 可以记录场景中模型的移动、旋转、比例变化甚至是外形改变。当激活"自动关键点"功能时，场景中的任何变换都会被记录成动画过程。

（5）制作环境特效。3ds Max 将环境中的特殊效果作为渲染效果提供，可将其理解为制作渲染图像的合成图层，用户可以变换颜色或使用贴图使场景背景更丰富。特效中的效果作为环境效果提供，包括为场景中加入雾、火焰、模糊等特殊效果。

（6）渲染是最后的工作流程，可以对场景进行真正的着色，并最终计算包括光线跟踪、图像抗锯齿、运动模糊、景深、环境效果等在内的各种前期设置，输出完成项目作品。

（二）建模

建模是三维制作的基础，也是材质、动画及渲染的前提。在 3ds Max 中进行场景建模，首先要进行基本模型的创建，然后通过一些简单模型的拼凑，就可以制作一些比较复杂的三维模型。

3ds Max 基础建模方式有几何体建模、二维图形建模和复合对象建模等。

1. 几何体建模

3ds Max 内置了一些基本模型，提供了一整套标准的几何体造型以解决简单物体的构建。通过这一系列基础物体资源，用户可以容易地在场景中以拖曳的方式创建出简单的几何体。

（1）创建标准基本体。3ds Max 中包含 10 种标准基本体，分别是长方体、圆锥体、球体、几何球体、圆柱体、管状体、环形、四棱锥、茶壶和平面。

选择"创建"命令面板中的"几何体"，在下拉列表中选择"标准基本体"类型，在"对象类型"卷展栏下，以按钮方式列出了所有可用的工具，单击相应的工具按钮，就可以建立相应的对象。选择对象按钮后，出现对应对象的"创建方法""键盘输入""参数"等卷展栏。

大多数几何体既可以在视图中通过拖动鼠标创建，也可以通过在"创建"命令面板的"键盘输入"卷展栏的输入框中输入相应数值，并单击"创建"按钮来创建。

（2）修改器。在"创建"命令面板中创建的物体模型，在它们生成的同时，也拥有了自己的创建参数，这些参数独自存在于三维场景中。如果要对创建对象的参数进行修改，就需要在"修改"命令面板中完成。

"修改"命令面板提供对物体进行各种各样的改动，并将每次改动都记录下来，就像堆粮食一样堆积起来（修改器堆栈），其中创建参数位于最底层。

修改器堆栈是"修改"命令面板的下拉列表。它包含累积历史记录，其中有选定的对象，以及应用于该对象的所有修改器。用户可以进入堆栈的任何一层中调节参数，也可以在不同层之间拷贝粘贴，还可以无限制地加入各类修改器或删除修改器，最后构造出完美的造型。

3ds Max 包括了丰富的修改器。使用修改器，可以选择"修改器"菜单，也可以在"修改"命令面板中，单击展开"修改器列表"。

常用的修改器如弯曲修改器、扭曲修改器、晶格修改器等。

2. 二维图形建模

二维图形建模是以样条线为基础的建模。很多三维模型很难分解为简单的基本体，对于这样的模型，可以先绘制一个基本的二维图形，然后进行编辑，最后添加转换成三维模型命令即可生成三维模型。

（1）创建二维图形。选择"创建"命令面板中的"图形"命令，可以创建线、矩形、圆、椭圆、弧、圆环、多边形、星形、文本、螺旋线、卵形、截面等多种二维图形。

二维图形是由一条或多条样条线组成的对象。样条线是一系列点定义的曲线，由基本顶点和线段等元素组成。

（2）编辑二维图形。二维图形的修改加工主要通过"编辑样条线"修改器完成。创建二维图形后，通过编辑二维图形的"次物体"修整图形的形状。二维图形的次物体包括顶点、线段和样条线。

"线"在所有二维图形中是比较特殊的，它没有可以编辑的参数，创建的线对象要在它的次物体层次中进行编辑。

对于其他二维图形，有两种方法访问次物体：将其转换成"可编辑样条线"，或应用"编辑样条线"修改器。打开"修改"命令面板，选择修改器中的"编辑样条线"命令，在打开的卷展栏中对二维图形进行加工编辑。

（3）使用编辑修改器将二维对象转换成三维对象。许多编辑修改器可以将二维对象转换成三维对象，如挤出、车削、倒角等。

3. 复合对象建模

选择"创建"命令面板的"几何体"，在下拉列表中选择"复合对象"，在"对象类型"卷展栏下是复合对象创建工具。复合对象建模指通过对两个以上的对象执行特定的合成方法生成一个对象的建模方式。

3ds Max 中提供了多种复合建模方式，下面对布尔运算进行介绍。布尔运算是指通过对两个对象进行加运算、减运算、交运算等，而得到新的物体形态的运算。

在布尔运算中常用三种操作。

并集：生成代表两个几何体总体的对象。

交集：生成代表两个几何体相交部分的对象。

差集：从一个对象上删除与另一个对象相交的部分。这种方式对两个物体相减的顺序有要求，会得到两种不同的结果。

4. 编辑网格建模

3ds Max 提供的可编辑 Mesh 网格功能细分物体，提供对物体的各个组成部分进行编辑修改，通过运用点与面的精细修改来进行物体的变形修改。通过推拉、删除、建立顶点和平面等操作，产生所需要的模型。这是 3ds Max 最具代表性的建模方法。

一个物体是由点、线、面、多边形等组成的。网格物体包括顶点、边、面、多边形和元素五种次物体选择等级。对次物体的编辑操作包括变换、结合分离、删除焊接、挤压倒角和细分塌陷等。

建模的一般过程：将模型转换为可编辑网格或多边形，选择次物体，对次物体进行调整和增加编辑器，完善多边形模型。

5. 多边形建模

多边形建模是当今主流的建模方式，其应用十分广泛。

多边形建模的思路与 Mesh 网格建模的思路类似，其不同点是，网格建模只能编辑三脚面，而多边形建模对面数没有任何要求。多边形建模在编辑上更加灵活。多边形建模的建模方式是在原始简单的模型上，通过增减点、面数或调整点、面的位置等操作来产生所需要的模型。

将物体转换为可编辑多边形对象后，就可以对可编辑多边形对象的顶点、边、边界、多边形和元素分别进行编辑。

（三）材质与贴图

三维模型建立后，要考虑如何通过对象表面的色彩、光泽以及环境的配合来表现画面内容，加强人们的视觉冲击力。在真实的世界中，物体都是由材料构成的，这些材料有颜色、纹理、光洁度和透明度等外观属性。在三维渲染中，材质作为物体表面属性，是对真实材料视觉效果的模拟。材质影响最终渲染效果的，甚至会影响成品对象的外部形态，能赋予呆板的模型以生机。

材质与贴图主要用于表现对象表面的物质状态，构造真实世界中自然物质表面的视觉效果。材质用于表现物体的颜色、反光度、透明度等表面特性。而贴图则是将图片信息投影到曲面上的方法，当材质中包含一个或多个图像时，称其为贴图材质。

1. 材质

（1）材质的构成。材质是对视觉效果的模拟，而视觉效果包括颜色、质感、反射、折射、表面粗糙程度以及纹理等诸多因素，这些视觉因素的变化和组合使得各种物质呈现出各不相同的视觉特性。而材质正是通过这些因素进行模拟，使场景对象具有某种材料特有的视觉特性。

材质模拟的是一种综合的视觉效果，它本身是一个综合体。材质由若干参数构成，每个参数负责模拟一种视觉因素，如颜色、反光、透明、纹理等。

颜色构成：颜色主要通过环境光、漫反射、高光反射三部分色彩来模拟材质的基本色。环境光影响对象阴影区域的颜色，漫反射决定了对象本身的颜色，高光反射则控制对象高光区域的颜色。

反射高光：反射高光区域决定了高光的强度和范围形状，不同的明暗器对应的高光控制有所不同。常见的反射高光参数包括高光级别、光泽度和柔化。高光级别决定了反射高光的强度，其值越大，高光越亮。光泽度影响反射高光的范围，值越大范围越小。柔化控制高光区域的模糊程度，使之与背景更融合，值越大柔化程度越强。

自发光：自发光是模拟彩色灯泡从对象内部发光的效果。若采用自发光，实际就是使用漫反射颜色替换画面上的阴影颜色。

不透明度：用来设置对象的透明程度，其值越小越透明，0为全透明。

（2）材质编辑器。在3ds Max中，单击主工具栏"材质编辑器"按钮，或者按快捷键"M"打开材质编辑器。

"材质编辑器"窗口分为两大部分：上半部分为固定不变区，包括显示材质的"示例窗"、材质效果和垂直工具栏和水平工具栏一系列功能按钮。名称栏中显示当前材质名称，垂直工具栏主要用于"示例窗"的显示设定，水平工具栏主要用于对材质球的操作。下半部分为可变区，包括基本参数卷展栏以及各种参数的卷展栏。

（3）为物体指定材质。每个"示例窗"代表一种材质。可以使用材质编辑器的控制器改变材质，并将它赋予场景的物体。

2. 贴图

（1）贴图类型。3ds Max中材质是用来描述对象在光线照射下的反射和传播光线的方式。而材质中的贴图则是用来模拟材质表面的纹理、质地以及折射、反射等效果。

3ds Max的所有贴图都可以在"材质/贴图浏览器"窗口中找到，贴图包含多种类型，如二维贴图、三维贴图、合成器贴图、反射和折射贴图等。

(2) 二维贴图。二维平面图像，常用于几何对象的表面，或者用于环境贴图创建场景背景。最常用最基本的二维贴图是位图。其他二维贴图都是由程序生成的，如衰减贴图、棋盘格贴图、渐变贴图、平铺贴图等。

(3) 反射和折射贴图。用于具有反射或折射效果的对象，包括光线跟踪贴图、反射/折射贴图、平面镜贴图及薄壁折射贴图等。

(四) 灯光与摄影机

1. 灯光

灯光是 3ds Max 中模拟然光照效果最重要的手段。灯光在表现场景、气氛等方面有着非常重要的作用。灯光的主要目的是对场景产生照明，烘托场景气氛和产生视觉冲击。产生照明是由灯光的亮度决定的，烘托气氛是由灯光的颜色、衰减和阴影决定的。产生视觉冲击效果是模型、材质加上灯光和摄像机等的综合运用。

3ds Max 中的灯光是模拟真实灯光的对象，不同种类的灯光对象用不同的方法投射灯光，模拟真实世界中不同种类的光源。

"灯光"对象用来模拟现实生活中不同类型的光源，在没有添加"灯光"对象的情况下，场景会使用默认的照明方式，这种照明方式根据设置，由一盏或两盏不可见的灯光对象构成。若在场景中创建了"灯光"对象，系统的默认照明方式将自动关闭。若删除场景中的全部灯光，则默认照明方式又会重新启动。在渲染图中，光源会被隐藏，只渲染出其发出的光线产生的效果。

3ds Max 中提供了标准灯光和光度学灯光。标准灯光简单、易用，光度学灯光则较复杂。

标准灯光的类型，有如下几种。

(1) 聚光灯。最为常用的灯光类型，它的光线来自一点，沿着锥形延伸。聚光灯分为目标聚光灯和自由聚光灯。目标聚光灯创建后产生两个可调整对象：投射点和目标点。这种聚光灯可以方便地调整照明的方向，一般用于模拟路灯、顶灯等固定不动的光源。自由聚光灯创建后，仅产生投射点这一个可调整对象，一般用于模拟手电筒、车灯等动画灯光。

(2) 平行光。向光源投射的光线是平行的，它能产生圆柱形或矩形棱柱照射区域。平行光分为目标平行光和自由平行光。目标平行光与目标聚光灯相似，也包含投射点和目标点两个对象，常用来模拟太阳光。自由平行光则只包含了投射点，只能整体移动和旋转，一般用于对运动物体进行跟踪照射。

(3) 泛光灯。一个点光源，它向全方位发射光线，没有明确的投射方向，它由一个点向各个方向均匀地发射出光线，可以照亮周围所有的物体。

(4)天光。一种圆顶形的区域光。它可以作为场景中唯一的光源,也可以和其他光源共同模拟出高亮度和整齐的投影效果。天光可用来模拟日光效果。

(5)区域光。区域光是专门为 Mental Ray 渲染器设计的,支持全局光照、聚光等功能。

2. 摄影机

一幅好的效果图需要好的观察角度,让人一目了然,因此调节摄影机是基础工作。摄影机好比人的眼睛,创建场景对象、布置灯光、调整材质所创作的效果图都要通过这双眼睛来观察,通过调整摄影机,可以决定视图中物体的位置和尺寸,影响场景对象的数量以及创建方法。此外,利用 3ds Max 中的摄影机可模拟动画中的摄影机镜头效果,实现动画过程中的画面表现。

决定了效果图和动画中物体的位置、大小和角度。摄影机可以从不同的角度方向观察同一个场景,通过调节摄影机的角度、镜头景深等设置,可以得到一个场景的不同效果。3ds Max 摄影机是模拟真实的摄影机设计的,具有焦距、视角等光学特性,但也能实现一些真实摄影机无法实现的操作,如瞬间更换镜头等。

三、3ds Max 动画制作

随着计算机三维图形技术、三维影像技术的不断发展,三维动画比平面动画更直观,更能给观赏者以身临其境的感觉,已逐步渗入人们的生活中,并呈现出多元化的趋势,涉及的范围越来越广,从简单的几何体模型的一般产品展示,到复杂的人物模型;从静态、单个的模型展示,到动态、复杂场景的三维动画、三维漫游等,再到虚拟现实,广泛应用于多个领域。

3ds Max 提供了一套强大的动画系统,可以为各种应用创建 3D 计算机动画,为计算机游戏设置角色,为电影生成特殊的效果等。

3ds Max 软件提供了多种创建动画的方法,以及大量用于管理和编辑动画的工具,可以用来创建简单的对象动画、修改器动画、复合对象动画、约束和控制器动画、材质贴图动画、粒子与空间扭曲动画、环境效果与视频后期处理动画、MassFX 动力学动画、连线参数与反应管理器动画、IK 与骨骼动画等。

1. 创建简单的对象动画

在 3ds Max 中,利用关键帧设置工具、控制播放器和时间配置对话框等一些常用工具,就可以制作出一些简单的动画。创建动画时,只需要创建记录每个动画序列的起始、结束和关键帧,在 3ds Max 中这些关键帧称作关键点。

3ds Max 自动计算连接关键点之间的其他点位置，得到一个流畅的动画。

3ds Max 可将场景中对象的任意参数进行动画记录，当对象的参数被确定后，就可通过 3ds Max 的渲染器完成每帧的渲染工作，生成高质量的动画。

（1）动画的帧和时间。

帧和关键帧：帧也是 3ds Max 动画中最基本的概念。对于 3ds Max，"关键帧"是指用于描述一个对象的位置情况、旋转方式、缩放比例、变形变换、灯光以及摄影机状态等信息的关键画面。3ds Max 制作动画时，手动设置各个关键帧，系统在关键帧之间进行自动插补计算，得到关键帧之间的动画帧，从而形成完整的动画。

时间配置：3ds Max 是根据时间来定义动画的。默认的时间单位是帧，系统缺省的帧率为每秒 30 帧。时间配置用于对动画的模式和速度等数据进行设置。

单击"时间配置"按钮盘，打开"时间配置"对话框。在"时间配置"对话框中，提供了帧率、时间显示、播放和动画的设置。使用此对话框可以更改动画的长度、拉伸或重缩放，还可以设置活动时间段或动画的开始帧和结束帧。

（2）动画控制工具。动画控制区内的工具和时间滑块用于对动画的关键点进行编辑，以及对播放时间等参数进行控制，是制作三维动画最基本的工具。

2. 设置和控制动画

3ds Max 中，几乎可以对场景中的任何对象进行动画设置。使用"自动关键点"创建动画后，当需要对动画进行设置和修改时，可以使用轨迹视图。

（1）轨迹视图。可以管理场景和精确修改动画，用于对动画轨迹和关键帧进行设置和修改，完成手工设置无法完成的动画工作。

轨迹视图有曲线编辑器和摄影表两种模式。曲线编辑器模式是将动画显示为功能曲线，用于对动画进行精确的创建、修改和编辑。在曲线编辑器中，动画轨迹的关键帧信息会以功能曲线的形式来显示和操作，功能曲线既可以将动画的变化可视化，表示出动画随着时间而产生的各种变化，也可以编辑动画的时间。

（2）使用曲线编辑器。为物体设置动画属性以后，在"轨迹视图-曲线编辑器"窗口中就会有与之相对应的曲线。其中，x 轴默认使用红色曲线来表示，y 轴默认使用绿色曲线来表示，z 轴默认使用蓝色曲线来表示。

3. "运动"命令面板

"运动"命令面板用于控制选中对象的运动路径，指定动网控制器，还可以对单个关键点信息进行编辑。"运动"命令面板由"参数"和"运动路径"两部分组成。

第二节　数字视频技术在 VR 影像中的应用

一、VR 技术的概念和组成

VR 技术是一种可以创建和体验虚拟世界的计算机仿真系统。它利用计算机生成一种模拟环境，使用户沉浸在该环境中。沉浸式的 VR 技术能够使用户实际参与到由计算机创造的虚拟世界中去，通过使用交互设备让人们体验身临其境的效果。

典型的 VR 系统主要由计算机软、硬件系统（包括 VR 软件和 VR 环境数据库）和 VR 输入、输出设备等组成。

二、VR 系统的分类

1. 桌面式 VR 系统

使用个人计算机和低级工作站来产生三维空间的交互场景。用户会受到周围现实环境的干扰而不能获得完全的沉浸感，但由于其成本相对较低，桌面式 VR 系统仍然比较普及。

2. 沉浸式 VR 系统

利用头盔显示器、洞穴式显示设备和数据手套等交互设备把用户的视觉、听觉和其他感觉封闭起来，而使用户真正成为 VR 系统内部的一个参与者，产生一种身临其境、全心投入并沉浸其中的体验。与桌面式 VR 系统相比，沉浸式 VR 系统的主要特点在于高度的实时性和沉浸感。

3. 增强式 VR 系统

增强式 VR 系统允许用户对现实世界进行观察的同时，将虚拟图像叠加在真实物理对象之上，为用户提供与所看到的真实环境有关的、存储在计算机中的信息，从而增强用户对真实环境的感受，又被称为叠加式或补充现实式 VR 系统。它可以使用光学技术或视频技术实现。

4. 分布式 VR 系统

分布式 VR 系统指基于网络构建的虚拟环境，将位于不同物理位置的多个用户或多个虚拟环境通过网络相连接并共享信息，从而使用户的协同工作达到一个更高的境界。主要应用于远程虚拟会议、虚拟医学会诊、多人网络游戏、虚拟战争演习等领域。

三、VR 影像的特性

VR 电影由于视角的缘故，在镜头语言、拍摄、后期等几乎所有方面都与传统电影存在较大差异。VR 全景视频的出现，打破了蒙太奇这种艺术手法所构成的现代电影叙事模式，在观众自主选择视觉关注点的情况下，VR 全景视频的剪辑方式是从业者新的探索方向。VR 全景视频的剪辑以对观众的视觉引导为根本原则，重视镜头间流畅、自然的转换，相比传统电影剪辑增添了感知性与交互性，减少了景别变化与镜头转化，使观众的视角处于剧场中心位置。

VR 全景视频不仅在视觉技术上完成了一次飞跃，而且在声音处理上对全行业提出了新的要求，全景声场的实现成为当前 VR 语境下的热门议题。VR 全景视频中的声音主要起到空间定位的作用，声音的精准空间定位是实现 VR 全景视频沉浸式体验的重要因素，它为观众营造了声像对位的身临其境之感。但巨大的信号传输、处理与计算，对当下的 VR 全景视频声音制作提出了巨大挑战。

VR 技术的具有"3I"特征：交互性（Interactivity）、沉浸感（Immersion）和想象力（Imagination）。

1. 交互性（Interactivity）

交互性指用户对虚拟环境中对象的可操作程度和从虚拟环境中得到反馈的自然程度（包括实时性）。它主要借助于各种专用设备（如头盔显示器、数据手套等）产生，从而使用户以自然方式，如手势、体势、语言等，如同在真实世界中一样操作虚拟环境中的对象。

2. 沉浸感（Immersion）

沉浸感又称临场感，指用户感到自己作为主角存在于虚拟环境中的真实程度，是 VR 技术最主要的特征。影响沉浸感的主要因素包括多感知性、自主性、三维图像中的深度信息、画面的视野、实现跟踪的时间或空间响应及交互设备的约束程度等。

3. 想象力（Imagination）

想象力指用户在虚拟世界中根据所获取的多种信息和自身在系统中的行

为，通过逻辑判断、推理和联想等思维过程，随着系统的运行状态变化而对其未来进展进行想象的能力。对适当的应用对象加上虚拟现实的创意和想象力，可以大幅度提高生产效率、减轻劳动强度、提高产品开发质量。

四、虚拟现实技术在数字视频中的合理应用

近年来，随着数字技术的飞速发展，数字视频与虚拟现实技术日益融合，引领着媒体行业的革新与发展。数字视频以其高质量的图像和音频呈现，让观众沉浸在更真实的观看体验中。而虚拟现实技术则通过创造虚拟环境，使用户在现实世界之外获得身临其境的感觉。

（一）虚拟现实技术在数字视频中的应用价值

（1）塑造独特时空，延伸用户感知。在数字视频中合理应用虚拟现实技术，其首要价值在于塑造独特的时空感，将用户的观看体验从传统的被动式观看转变为主动参与的沉浸式体验。通过虚拟现实技术，观众可以置身于创作者构建的虚拟环境中，实现身临其境的感觉，进而延伸他们的感知范围。

（2）革新艺术语言，促进美学发展。虚拟现实技术在数字视频中的应用，也在艺术领域引发了一场革新，推动了美学发展的进程。虚拟现实技术为数字视频创作者提供了新的表现手段和创意空间，让艺术作品呈现更加丰富多样的形式和美学效果。通过虚拟现实技术，电影和动画制作者可以创造出奇幻的虚拟世界，呈现出无限可能的场景和特效，观众在虚拟现实的体验中感受到超越现实的奇幻美学，使得数字视频作品更具视觉冲击力和艺术价值。同时，虚拟现实还为纪录片制作带来新的创作手段，使得纪录片能够以更具艺术性的方式呈现历史事件和人物故事，拓展了纪录片的表现力和叙事风格。

（3）改变现代用户观看模式。在传统观看模式下，观众只能被动接受内容，而在虚拟现实技术应用下，观众可以通过手柄、手势或语音等方式与内容进行实时互动。例如，在虚拟现实游戏中，观众可以通过手柄控制游戏角色的动作，决定游戏的走向。在教育领域，虚拟现实技术可以为学生提供交互式的学习内容，让他们在虚拟环境中实践和探索，让观众成为内容创作者的一部分，提升他们的参与度和学习效果。此外，虚拟现实技术在数字视频中的应用也推动了多样化观看体验的发展。虚拟现实技术可以为观众提供个性化的观看内容和体验，比如在虚拟现实电影中，观众可以选择不同的视角和情节发展，创造出自己独特的观看体验，满足了现代用户对于内容个性化和自主选择的需求，促进了数字视频内容的多样化和个性化发展。

(二) 数字视频中虚拟现实技术的合理应用策略

1. 在新闻报道中的应用

在新闻报道领域，虚拟现实技术为媒体工作者提供了独特的应用机会，通过创造虚拟场景，让观众能够像亲临现场一样感受重要新闻事件，不仅可以增强报道的真实感和冲击力，还能提升观众的参与度和理解力。

首先，虚拟现实技术可以在自然灾害报道中发挥重要作用。当发生地震、洪水、台风等重大自然灾害时，前线的报道往往面临困难和危险，而利用虚拟现实技术，记者可以将现场的情况拍摄下来并通过虚拟现实头显等设备，让观众仿佛置身于灾害现场。

其次，虚拟现实技术也可以在重大事件报道中发挥作用。例如，对于一些重要的历史事件，特定场所的现场实况报道可能不易实现。通过虚拟现实技术，记者可以在虚拟环境中重现历史事件的场景，让观众仿佛穿越时空，亲历历史，进而帮助观众更加深入地理解历史事件的背景和影响，增强对历史的认知。

最后，虚拟现实技术在战争报道中也能发挥作用。战争现场的报道往往存在着安全风险和信息受限的问题，虚拟现实技术可以在不危及记者安全的情况下，模拟战争现场的情况，并将其呈现给观众。观众可以在虚拟现实环境中亲身感受战争的紧张和危险，增强对战争的认知和反思。

2. 在纪录片制作中的应用

虚拟现实技术在纪录片制作中具有巨大的潜力，为创作者提供了丰富的表现手段和创作空间。通过虚拟现实技术，纪录片制作者可以创造出更加生动、真实和引人入胜的观看场景，将观众带入叙事中，深入了解事件和主题，增强纪录片的教育和感染力。

其一，虚拟现实技术可以帮助纪录片制作者还原历史事件或文化遗产的场景。在纪录片中，有些历史事件或文化现象的现场已经无法保留或重现，但通过虚拟现实技术，制作者可以利用历史文献、考古资料等进行还原，再现事件的场景。观众可以通过虚拟现实头显等设备，仿佛穿越时空，亲临历史现场，感受历史事件的真实与感动。

其二，虚拟现实技术可以扩展纪录片叙事的可能性。传统纪录片的叙事方式往往是线性的，观众被动地接受内容，而虚拟现实技术的应用使得纪录片的叙事更具交互性和选择性。观众可以在虚拟环境中自由选择感兴趣的内容和视角，决定自己的观看路径，成为内容的探索者和参与者，使得纪录片更具个性化和互动性，吸引更多观众参与，提升纪录片的观看体验。

其三，虚拟现实技术还可以为纪录片增加虚拟场景和特效，提升影片的视觉效果和艺术表现力。在纪录片制作中，有些场景可能难以实地拍摄，或者需要在图像上加入一些虚拟元素来强化表现效果。

3. 在体育赛事报道中的应用

虚拟现实技术在体育赛事报道中的应用，为观众带来了全新的观赛体验，增强了观众对体育赛事的关注度。通过虚拟现实技术，体育赛事报道不仅可以呈现更加真实、生动的画面，还可以扩展观众的视角，增强比赛的紧张感和激情。

其一，虚拟现实技术可以用于体育赛事的实况直播。传统的体育赛事直播往往依靠摄像机固定的视角来呈现比赛画面，观众只能看到有限的角度。而通过虚拟现实技术，观众可以自由选择观看角度，仿佛置身于比赛现场，增强了观看体验和参与感。

其二，虚拟现实技术还可以用于体育赛事的数据分析和实时统计。在比赛过程中，虚拟现实技术可以实时将比赛数据、战术分析和选手信息展示在屏幕上，让观众更加深入地了解比赛的进程和战况。例如，在篮球比赛中，通过虚拟现实技术，可以在比赛画面中显示球员的得分、篮板、助攻等数据，让观众全面了解球员的表现。这种实时数据的展示让观众更加沉浸于比赛的紧张氛围中，增强了观看的趣味性和参与度。

其三，虚拟现实技术还可以用于体育赛事的重播和回放。通过虚拟现实技术，观众可以选择自己感兴趣的比赛瞬间进行重播和回放，可以自由调整视角和速度，深入观察比赛细节。

其四，虚拟现实技术还可以帮助观众更好地理解比赛规则和战术。通过虚拟现实技术，制作者可以在赛事报道中插入虚拟场景和模拟动画，对比赛过程进行解说，让观众更加直观地了解比赛的战术和技巧。

4. 在互动新闻演播室中的应用

互动新闻演播室是一种利用虚拟现实技术的新闻报道方式，通过将虚拟元素融合到真实场景中，使新闻主持人和观众能够在虚拟环境中实时交互，增强新闻报道的互动性和吸引力。

首先，虚拟现实技术在互动新闻演播室中可以实现虚拟场景的切换和实时添加虚拟元素。在新闻演播过程中，虚拟现实技术可以将新闻主持人置于虚拟环境中，如实时切换背景场景、添加虚拟图表、模拟实地报道等。通过这种方式，观众可以在新闻演播的过程中看到丰富多样的视觉效果，增强了新闻报道的吸引力和观赏性。

其次，虚拟现实技术可以实现新闻演播主持人与观众之间的实时互动。通过虚拟现实头显等设备，观众可以进入虚拟演播室，与主持人进行面对面的交流和互动，使得新闻报道不再是单向传递，而是实现了观众与主持人之间的真实沟通。虚拟现实技术还可以为新闻演播室带来更多的创意元素。通过虚拟现实技术，新闻制作者可以创造出更具有创意和艺术性的场景和特效，为新闻报道注入更多创新元素。

虚拟现实技术作为一种创新的数字视频应用手段，在数字化时代为电视媒体带来了前所未有的发展机遇。不难看出，虚拟现实技术为数字视频带来了全新的发展可能性和创作空间，为电视媒体工作者提供了更多的创新机遇。因此，今后应该不断探索虚拟现实技术在数字视频中的更多应用，并结合创作需求和观众反馈，不断推动虚拟现实技术的发展，为观众呈现更加丰富、多样化和引人入胜的数字视频内容。

第六章

数字视频处理技术在安防系统中的应用

第一节　智能安防

一、人工智能的概念

人工智能的定义可以分为两部分，即"人工"和"智能"。"人工"比较好理解，争议也不大。有时人们会考虑什么是人力所能及制造的，或者人自身的智能程度有没有高到可以创造人工智能的地步，等等。但总的来说，"人工"就是通常意义下的人工系统。

关于什么是"智能"，就问题多了。这涉及其他诸如意识（Consciousness）、自我（Self）、思维（Mind），包括无意识的思维等问题。人唯一了解的智能是人本身的智能，这是普遍认同的观点。但是，人们对自身智能的理解非常有限，对构成人的智能的必要元素也了解有限，所以就很难定义什么是"人工"制造的"智能"了。因此，人工智能的研究往往涉及对人的智能本身的研究。其他关于动物或其他人造系统的智能也普遍被认为是人工智能相关的研究课题。

人工智能在计算机领域内，得到了越发广泛的重视，并在机器人、经济政治决策、控制系统、仿真系统中得到应用。

人工智能是计算机学科的一个分支，20世纪70年代以来被称为世界三大尖端技术（空间技术、能源技术、人工智能）之一。也被认为是21世纪三大尖端技术（基因工程、纳米科学、人工智能）之一。这是因为近30年来它获得了迅速的发展，在很多学科领域都获得了广泛应用，并取得了丰硕的成果。人工智能已逐步成为一个独立的分支，无论在理论和实践上都已自成一个系统。

人工智能是研究使用计算机来模拟人的某些思维过程和智能行为（如学习、推理、思考、规划等）的学科，主要包括计算机实现智能的原理、制造类似于人脑智能的计算机，使计算机能实现更高层次的应用。人工智能将涉及计算机科学、心理学、哲学和语言学等学科，可以说几乎是自然科学和社会科学的所有学科，其范围已远远超出了计算机科学的范畴。人工智能与思维科学的关系是实践和理论的关系，人工智能是处于思维科学的技术应用层次，是它的一个应用分支。从思维观点看，人工智能不仅限于逻辑思维，还要考虑形象思维、灵感思维才能促进人工智能的突破性的发展。数学常被认为是多种学科的基础科学，因此人工智能学科也必须借用数学工具。数学不仅在标准逻辑、模糊数学等范围发挥作用，进入人工智能学科后才能促进其得到更快的发展。

二、智能安防的发展背景

安防系统是实施安全防范控制的重要技术手段，在当前安防需求膨胀的形势下，其在安全技术防范领域的运用也越来越广泛。但目前所使用的安防系统主要依赖人的视觉判断，而缺乏对视频内容的智能分析，由此使得安防系统只能完成一定时间内的视频存储记录，仅可为事后分析提供证据。而其在事前预警/报警的缺位，也让保平安的意义大打折扣。

我国安防产业萌芽于20世纪70年代末和80年代初，虽然比国外发达国家起步晚了近20年，但一路发展过来也已经走过了起步阶段、初步发展阶段和高速发展阶段，目前步入成熟阶段。我国的安防产业经历了30多年的发展，从最初的只能用于一些非常重要或特殊的单位和部门，到现在应用领域大幅拓展，安防摄像头随处可见，我国安防产业发生了翻天覆地的变化，取得了巨大的进展。

随着光电信息技术、微电子技术、微计算机技术与视频图像处理技术等的发展，传统的安防系统也正由数字化、网络化，而逐步走向智能化。这种智能安防系统指在不需要人为干预的情况下，能自动实现对监控画面中的异常情况进行检测、识别，在有异常时能及时做出预警/报警。

安防市场需求范围很广，主要分为三大类：第一类政府，如"平安城市"建设、各级党政机关、公安监所管理等；第二类各企事业单位，如金融、电力、教育、交通、石化、工矿等行业；第三类商用、民用市场，如小型连锁店、中小商铺、娱乐场所、家庭等。其中，交通运输、政府、城市治安、金融行业是视频监控产品应用最主要的市场，但是近几年在这些传统安防需求市场平稳增长的同时，电力、电信、文化教育、企业等行业的应用也越来越广，并不断向商用、民用市场扩散。下面是几个行业的市场需求情况。

（一）平安城市建设的需求

平安城市建设始于 2005 年，到现在已经持续近 20 年。随着我国城镇化率的提升，城市人口急剧增加，人口流动大、人口密集、人员结构复杂，加之我国特殊的户籍制度，这些均导致城市里的非本地户口居民大幅增加，各种违法犯罪行为频发，给社会治安管理带来了巨大的挑战。

（二）交通行业需求

随着城市规模的不断扩大，城市化进程不断加快，城市整体交通体系承受巨大压力，目前中国所具备的传统交通解决方案已经不能够满足城市日益前进的步伐。因此，新的一代"智能交通"加"智能物联网"的全新管理手段正在飞速的发展中。最新数据显示，我国的智能交通产业得到迅猛的发展，年均复合增长率达到 20% 以上。智能交通行业将迎来稳定的持续增长期，视频监控作为智能交通中信息采集和处理的重要应用，在未来随着智能交通的发展，对于视频监控设备需求也会进一步扩大。

（三）智能楼宇的安防建设需求

国务院于 2016 年 2 月 6 日发布的《关于进一步加强城市规划建设管理工作的若干意见》中提出，不再建设封闭住宅小区，已建成的住宅小区和单位大院要逐步打开，实现内部道路公共化，打通各类"断头路"，加强自行车道和步行道系统建设，倡导绿色出行，合理配置停车设施，逐步缓解停车难问题。

全开放式小区是将围墙全部拆除，小区不再有围栏和围墙，这将出现一系列问题：商业圈、住宅区不分，人流量、车流量加大，噪声污染严重，人员复杂，偷盗违法犯罪问题加重，停车难问题更加凸显。小区物理周界的消失，相关联地，首先消失的是出入口形成的第一道屏障，围墙及围栏的防护也会随之消失。令小区安全防护措施大打折扣。小区物理周界的消失，将使人们对个人住宅的安全需求提升，智能家居、家用防盗报警系统将会走进千家万户。多数厂商均以此为契机推动民用市场家庭安防观念的转变和普及。

（四）文教卫安防建设加速

教育事业的发展是一个国家发展的根本，校园安全关系到社会的稳定、家庭的和谐。校园安全一直是我国高度重视的问题，目前，"平安校园"建设项目已经纳入各级教育行政部门的议事日程。根据国家教育部门和公安部门的有关规定，学校安全防范主要以设立安全防范监控，采用报警、视频监控、电子巡查、出入口控制等技术手段，并结合安保人员巡逻为主，实现对学校的安全保障。

早期的校园监控建设的全部是模拟摄像机，不仅覆盖范围小，而且图像质量差，早已不能满足高校高清智能监控的需求。不仅如此，校园重点区域监控前端设备往往缺乏必要的日常维护，导致设备损毁严重，遇到突发事件时无法进行视频录像的调取查看，事后也缺乏处理事件的依据。同时，设备维护也缺乏相应的监督机制，导致处理不及时。

（五）金融行业的需求

金融行业作为对安全要求高、标准规格高、投资力度大的一个行业，面对各个业务部门和安全保卫不断提出的新需求，安防对企业正常运营并取得良好的经济和社会效益具有极其重要的意义。安防在金融行业已经深耕了很长时间，金融行业的安防体系是由人防系统、技防系统、物防系统和管理系统组成的多角度、多维度复合型的安全技术防范体系。

随着对金融安防管理要求越来越高，不仅仅要满足安全防范的功能，同时还要满足对金融机构日常经营业务管理的需求。例如，对各营业网点经营秩序的远程检查、对工作人员的远程督查、对客户投诉的事后认证和处理、对相关业务管理中音频（视频）数据与业务管理系统的无缝结合等。

随着科学技术不断普及和金融安防管理要求的不断提高，未来金融安防发展将会从先进技术和数据融合应用两个方面来建设规划。在先进技术方面，高清化、智能化、网络化将作为未来金融安防发展的核心技术支撑。同时，数据共享互联、智能挖掘及大数据实现，将更多需要信息数据共享互联、系统业务深度融合。只有在先进技术有效支撑、数据互联共享融合应用的有效结合下，金融安防产业才能创造更多的经济价值，最终实现整个金融安防产业的持续繁荣发展。

三、智慧安防的核心内涵

（一）智慧安防的概念

安防，顾名思义，就是安全防范。这个行业的发展伴随着国内智慧城市的建设推向高潮，安防行业作为智慧城市的安全之门，同时也担负着智慧城市中视频图像识别的"智慧之眼"，经过多年高速发展，已形成一个庞大的产业。在经历数字化、网络化发展后，安防行业在人工智能技术助推下向智能化深度发展。

传统的安防企业、新兴的人工智能初创企业，都开始积极拥抱人工智能，在图像处理、计算机视觉以及语音信息处理等方面开展持续创新。在产品应用层面，人工智能技术不断进步，传统的被动防御安防系统将升级成为主动判断和预警的智慧安防系统，安防从单一的安全领域向多行业应用、提升生产效率、提高生活智能化程度方向发展。

而人工智能技术之所以在安防行业应用得如火如荼，其根本原因是具备了人工智能落地的两个条件：一是拥有大量的数据，安防行业部署的摄像机全天候采集车辆、人脸信息，为智能化应用带来更准确、优质的数据；二是智能化技术的提升，为视频图像的目标检测和跟踪技术应用再次升级提供了坚实的技术基础。人工智能在安防产业的应用已是大势所趋，应用前景巨大，众多企业纷纷抢占"人工智能+安防"新风口。

从应用场景来看，人工智能+安防已应用到社会的各方面，如公安、交通、楼宇、金融、商业和民用等领域。

未来，人工智能还将以视频图像信息为基础，打通安防行业各种海量信息，并在此基础上，充分发挥机器学习、数据分析与挖掘等各种人工智能算法的优势，为安防行业创造更多价值。

(二) 智慧安防的特点

1. 数字化

信息化与数字化的发展，使得安防系统从以模拟信号为基础的视频监控防范系统向全数字化视频监控系统发展，系统设备向智能化、数字化、模块化和网络化方向发展。

2. 集成化

安防系统的集成化包括两方面，一方面是安防系统与小区其他智能化系统的集成，如将安防系统与智能小区的通信系统、服务系统及物业管理系统等集成，这样可以共用一条数据线和同一计算机网络，共享同一数据库；另一方面是安防系统自身功能的集成，将影像、门禁、语音、警报等功能融合在同一网络架构平台中，可以提供智能小区安全监控的整体解决方案，诸如自动报警、消防安全、紧急按钮和能源科技监控等。

第二节　数字视频技术在监控安防中的应用

一、平安城市

平安城市概念从 2002 年提出后，作为一个特大型、综合性强的管理系统，不仅要满足治安、城市、交通管理及应急指挥等需求，还要兼顾灾难事故预警、安全生产监控等方面对图像监控的需求。在这些功能应用中，视频监控作为可视化的探测设备，在平安城市的运行过程中成为解决具体业务的关键科技手段，并且伴随着业务应用的多样化，以及社会普及率的提高，视频监控行业也迎来了大发展。

平安城市的建设，最早在北京市宣武区（现已合并至西城区）、山东济南、浙江杭州和江苏苏州四个城市开始做试点。2004 年 6 月，为了全面推进科技强警战略的实施，公安部、科技部在北京、上海、廊坊、大连、南京、苏州、南通、杭州、宁波、温州、台州、芜湖、福州、青岛、淄博、威海、郑州、广州、深圳、佛山、成都等 21 个城市启动了第一批科技强警示范城市创建工作。2005 年 8 月，为了以点带面，公安部进一步提出了建设"3111 试点工程"，选择 22 个省，在省、市、县三级开展报警与监控系统建设试点工程，即每个省确定一个市，有条件的市确定一个县，有条件的县确定一个社区或街区为报警与监控系统建设的试点。此举有力地推动了平安城市的建设步伐。

"3111 工程"是一个非常大的、非常复杂的系统工程，可以将它定义为巨复杂系统。第一是投资很大，通常一个大中城市建设都需要上亿元甚至几亿元资金；第二是技术要求非常高，上万台、几十万台的摄像机联网并不容易，还要做到资源共享；第三是涉及的用户很多，所有的单位，无论是党政机关、企业系统全部都要关联进来，另外，因为有新建的系统，也有已有的系统，要进行互联、互控，难度很大；第四是可靠，不能经常出问题宕机影响使用；第五，该系统应该根据需要可以做裁减，可以扩展，也可以删除。

城市监控系统组网的主要障碍是设备兼容性存在很大的差异，安防系统集成没有一个开放的标准系统平台，各类子系统厂商都有针对自己产品开发的软件管理平台，这样的系统平台，不能算得上真正的开放式平台，系统集成的意义在于，各独立的子系统之间深层次的数据共享。真正的监控系统开放式的系统平台应该是能够兼容不同厂商的设备、不同的设备协议、不同的技术、不同的设备的平台。系统的扩容扩展功能要强大，系统的信息管理必须高度一致。

（一）平安城市管理系统设计原则

科学规划通信网络，整合社会技防资源，构建城市统一的远程视频监控报警综合信息服务平台，实现视频监控报警信息的充分共享，为应急系统提供可视化图像资源，是管理系统建设的目标和任务。以需求为导向，以应用为核心，坚持需求与应用相一致，规划与标准相一致，实用性与先进性相一致，科技创新与持续发展相一致的设计思想。

1. 统一标准，规范设计

平安城市管理系统一般采用开放式架构，支持持续发展的技术路线；支持数字视频技术、人工智能技术能够平滑接入已经建设完毕的系统；选用标准化接口和协议，并应具有良好的可扩展性。系统建设将遵循有关标准与规范，并有一定的技术前瞻性。应充分考虑和利用现有的报警监控资源、传输资源，在整合基础上实现系统互联、资源整合、信息共享。必须使用统一的国际/国家技术标准，彻底解决不同技术标准的系统不能互联、互通的问题。系统选用的技术和设备以满足需求、注重实用为基本原则，构建的系统将与工作紧密结合。

2. 统一建设，信息共享

平安城市管理系统是基于城市 IP 城域网独立构建的网络，是可视化管理的共享网络，是应急联动体系的基础工程。在发生突发和重大事件时，可以通过管理平台，将所有与事件相关的视频信息全部纳入应急站点，各相关部门可作为客户端接入网络共享视频信息。

3. 确保安全，运行稳定

平安城市管理系统能满足可靠性要求，能够长时间不间断运行。对关键的数据、接口和设备采取冗余设计，具有故障检测、故障修复、系统恢复以及系统健康状态检查等功能。通过公网传输的数据必须用 VPN 隧道技术对传输通道进行加密。使用用户身份认证以及访问控制技术等多种技术，对用户的各种操作和涉密文件的存取实行认证和限制，以保证系统的安全。以光纤方式接入的摄像机可以采取前端视频分配的方式，接入指挥中心视频矩阵并采用网络视频编码技术"按需"接入信息网。同时将分配出来的视频信号经视频编码接入视频监控报警服务平台，确保自建的视频监控信号既能与信息网实现联通，又能通过平台管理实现视频信息的充分共享。

4. 加强管理，突出实效

平安城市管理系统将为实现快速反应、协同作战提供技术支撑。利用这个系统，可以形成打、防、控、管和服务社会的一体化网络体系，进而提高在第一时间获取情报信息、第一时间采取防范措施、第一时间有效控制局势、第一时间实现精确打击的能力。平安城市可以通过市场化运作开展建设，专业化维护保障运行，制度化管理提升运行质量。

（二）平安城市一般架构

平安城市的架构可以分为5层，分别是用户层、数据层、应用层、服务层和表现层。

用户层：提供平安城市管理系统的具体需求，这是平安城市建设的驱动力。

数据层：从网络设备、安全设备、主机系统等数据来源采集各种安全信息。

服务层：将采集到的原始数据实现格式标准化，进行关联分析处理，根据策略进行数据归并和压缩后，存储到统一数据库中。

应用层：从数据库中提取信息，按照策略完成数据的过滤、条件分析，为展示平台提供数据支持，同时还是展示平台进行资源配置的接口。

表现层：实现安全运维平台的统一界面展示。通过统一的图形化管理界面，安全运维平台实现了运维监控、态势分析、配置维护的全部功能。

（三）平安城市建设需求

现在平安城市建设已经融入为智慧城市建设的一部分。一个地区的视频监控建设，政府基本会以智慧城市的名义把建设权放到市政府，并和多个使用部门，比如公安、交警、城管等的视频监控系统建设需求，进行全市统一建设，按需分配资源。主要的业务部门需求有以下几个。

1. 公安局的需求

作为平安城市管理系统最重要的使用者，公安部门主要承担治安管理，常见的需求有如下几点。①公共场合的安全监控。②应急指挥调度的需求，能够实现远程实时指挥，并随时掌握突发案件的现场情况。③完善整个城市的治安视频监控系统，构筑无处不在的视频监控网络。④改善公安部门执勤IT系统，实现移动电子警务。⑤建立情报研判系统，为公安行政执法和应急事件处理提供有效的决策建议和行动指南。

2. 交管局的需求

作为交通执法单位，常见的需求有如下几点。①交通道路状况的动态监控需求，运营车辆的交通管理需求。②交通违法非现场执法需求。③应急处理，包括客运车辆、危险品车辆发生紧急事故时的应急指挥和快速裁决需求，通过图像、视频掌握现场情况，进行异地实时裁决。

3. 城管局的需求

城管局常见的需求有以下几点。①在乱摆乱卖、占道经营等城市管理的执法过程中，出现纠纷时的证据采集需求。②市政事故方面的应急处理需求，包括高危桥梁的检测及预警，下水道井盖丢失、被盗的实时监控需求。③铺路、建桥等市政建设中的安全监控需求。

建设平安城市时应关注跨部门业务的应用，以及视频监控数据的自动结构化处理、数据自动分析等。

二、智能楼宇

世界上对楼宇智能化的提法很多，欧洲、美国、日本、新加坡及国际智能工程学会的提法各有不同。其中，日本的国情与我国较为相近，其提法可以参考，日本电机工业协会楼宇智能化分会把智能化楼宇定义为：综合计算机、信息通信等方面的最先进技术，使建筑物内的电力、空调、照明、防灾、防盗、运输设备等协调工作，实现建筑物自动化、通信自动化、办公自动化、安全保卫自动化系统和消防自动化系统，外加结构化综合布线系统、结构化综合网络系统，智能楼宇综合信息管理自动化系统，这种楼宇就是智能化楼宇。

（一）智能楼宇的设计原则

1. 合理性原则

为了保证整个系统从设备配置到系统构成的合理性，系统设计根据实际状况和建设治安防控系统的具体要求，充分满足用户在使用中的各项功能要求。

2. 先进性原则

当前，计算机及通信技术高速发展，使得系统的设计不但要考虑充分利用当前的最新技术，而且还必须考虑随着技术的进一步发展，能在系统中不断融入新技术，使系统始终充满活力，始终保持一定的先进性。

3. 实用性原则

智能楼宇的建设应以实用性为基本原则。系统功能必须满足监、控、存、查、管、用的基本要求，硬件和软件平台界面友好、易学易用、使用方便、图像清晰；采用统一的系统标准和通信协议，使整个系统中各个子系统间能互联互控，充分发挥整个系统的功能。

4. 可靠性原则

保证安防监控系统安全、正确地完成相应功能，保证系统的完整性、正确性和可恢复性，系统的不稳定因素要从硬件、软件系统协同运行中给予充分的防止。系统的运行可靠性是主要性能之一,保证对系统提供 24 小时不间断服务。

系统的可靠性主要表现在以下几个方面:前端摄像系统的可靠性;信号传输系统的可靠性;数字编解码系统的可靠性;视频存储系统的可靠性;视频管理服务器的可靠性;网络系统的可靠性;软件系统的可靠性。

系统在设计上采用以下容错办法:后备电源系统;主要设备的备品、备件;硬盘数据容错机制;硬盘 MTBFN 10 万小时;图像数据远程复制技术。

5. 可扩展性原则

可扩展性原则主要体现在系统横向和纵向的扩展能力上。在系统横向扩展方面,智能视频监控系统在满足当前视频监控需求的基础上,应该非常方便地扩展容量,可方便实现更大容量的视频监控系统。在纵向扩展方面,视频监控系统具有良好的兼容性和通用的软硬件接口,用户可在其基础上进行二次功能开发(如图像智能分析等)。

(二) 智能楼宇的一般架构

根据职能区域和安防需求,设计智能楼宇的架构。智能楼宇一般包含的职能区域有商铺、办公区、停车场、星级酒店、安防监控中心。

与安防相关的子系统有视频监控、门禁系统、报警系统、巡更系统、对讲系统、消防系统、楼宇控制系统。

(1) 智能建筑园区解决方案更贴近建筑楼宇的特殊需求,对于大楼出入口的宽动态场景、狭长的走廊、低照度场所均能提供相应功能的产品。尤其针对楼宇中常见的个别监控点位超长(超过 100 米)情况。

(2) H.265 编码格式能够在保证高清图像质量的前提下将 IPC 的传输码流降至 1MB(720P)、2MB(1 080P),极大地降低存储空间,解决了智能楼宇项目中采用全高清系统导致存储成本过高的问题。

(3) 方案采用低功耗半球及枪式、低功耗存储设备,节能减排。

(4) 对于楼宇周界和院区的长距离传输,提供多种解决方案——光网口摄像机、EPON 组网、光电环网等特性,使得施工布线更加方便灵活。

(5) 全 IP 的监控系统架构使系统具有良好的扩展性,有效保护业主的投资。

(6) 专业存储系统,具有高密度存储、大容量接入(512 路高清摄像机)的特性,大幅度降低数据中心服务器数量,节省建设和管理维护成本。

专业的通用安防管理平台,可以接入门禁、报警等安防子系统,并和视频监控系统进行联动。

基于视频的停车场管理系统，可以实现无卡车辆管理和停车场车位引导，并大幅提升管理效率。

在设计智能楼宇的弱电系统时，需要考虑视频监控系统是否要与其他管理控制系统对接，具体实现哪些功能。

(三) 智能楼宇的建设需求

智能楼宇的基本要求是有完整的控制、管理、维护和通信设施，便于进行环境控制、安全管理、监视报警，并有利于提高工作效率，激发人们的创造性。简言之，楼宇智能化的基本要求是办公设备自动化、智能化，通信系统高性能化，建筑柔性化，建筑管理服务自动化。

和普通建筑相比，智能楼宇有如下几个方面的具体特性。①具有良好的信息接收和反应能力，提高工作效率。②提高建筑物的安全、舒适和高效便捷性。③具有良好的节能效果。对空调、照明等设备的有效控制，不但提供了舒适的环境，还有显著的节能效果（一般节能达15%~20%）。④节省设备运行维护费用。一方面系统能正常运行，发挥其作用可降低机电系统的维护成本，另一方面由于系统的高度集成，操作和管理也高度集中，人员安排更合理，从而使人工成本降到最低。⑤满足用户对不同环境功能的需求。

楼宇智能化应该能够提供一种优越的生活环境和高效率的工作环境。

舒适性：使人们在智能化楼宇中生活和工作（包括公共区域），无论是心理上还是生理上均感到舒适，为此，空调、照明、噪声、绿化、自然光及其他环境条件应达到较佳或最佳状态。

高效性：提高办公业务、通信、决策方面的工作效率，节省人力、时间、空间、资源、能耗、费用，以及建筑物所属设备系统使用管理的效率。

方便性：除集中管理、易于维护外，还应具有高效的信息服务功能。

适应性：对办公组织机构、办公方法和程序的变更以及设备更新的适应性强，当网络功能发生变化和更新时，不妨碍原有系统的使用。

安全性：除要保证生命、财产、建筑物安全外，还要考虑信息的安全性，防止信息网中发生信息泄露和被干扰，特别是防止信息数据被破坏、被篡改，防止黑客入侵。

可靠性：选用的设备硬件和软件技术成熟，运行良好，易于维护，当出现故障时能及时修复。

三、大型园区

所谓园区监控，就是指在一个固定周界内，有一定规模的，有相关应用联动的监控系统。园区监控覆盖范围较大，一般涉及多栋建筑，管理上具备相对的独立性和完整性，一般有一定周界；同时拥有该园区网的公司/单位通常也拥有该园区内所用的物理线路。

园区是当前社会组织（厂矿、企业、机构等）生产、办公、生活等活动中涉及的最常见的地域范畴。因此也是应用最广泛的 IP 监控组网形态，园区监控涵盖企业园区、校园园区、政府机关园区、监狱、港口、机场等多个行业的主要监控应用，主要应用在以下两个方面。

1. 安防监控领域

安防监控领域是将视频监控作为一种技防手段，用于防范财产被盗，闲杂人员闯入等，对出入口、厂区、办公楼、周界围墙、仓库等目标进行实时全天候视频监控，同时具备监控录像、报警联动等功能，成为安保工作的辅助。

2. 生产监控领域

在某些具体的行业，为加强管理、提高工作效率，监控也会用于辅助生产系统，通常称之为生产监控，此时是将视频监控作为管理手段，如制造型企业将视频监控用于生产线的可视化管理，学校将视频监控作为远程监考的手段等。这种情况下，监控点选择更多的是取决于业务和管理需求，一般多设置在主要的生产业务区。

(一) 大型园区的设计原则

为了达到园区新建视频监控系统产品性能优异、质量领先的目标，该系统设计应该充分考虑系统的先进性、实用性、可靠性、可扩展性和安全保密性的原则。

1. 先进性原则

在视频监控系统的设计中，对所有设备和相应软件的设计中，应该选用国际先进的视频监控设备和系统，从而既保持传统监控系统图像质量高的特点，同时能够彻底解决监控系统数字化、网络化过程中的瓶颈问题。系统的设计采用数字视频方式，通过网络摄像机进行视频图像的采集，数字实时图像通过解码器在电视墙或者直接在计算机终端上显示。这一技术路线保证了系统具有良好的清晰度、较少的管理设备资源占用、完全实时、一流的网络功能等诸多特点，采用了先进的数字图像技术，为系统扩展应用打好基础，系统建成后在很长时间内不会被淘汰。

2. 实用性原则

视频监控系统的建设应以实用性为基本原则。系统功能必须满足看、控、存、管、用的基本要求，硬件和软件平台界面友好、易学易用、使用方便、图像清晰；采用统一的系统标准和通信协议，使整个系统中各个子系统间能互联互控，充分发挥整个系统的功能。

3. 可靠性原则

保证安防监控系统安全、正确地完成相应功能，保证系统的完整性、正确性和可恢复性，系统的不稳定因素要从硬件、软件系统协同运行中给予充分的防止，如有发生也应做可即时地恢复。系统的规模无论在网络、系统平台，还是在系统应用方面都具有相当的规模，系统的运行可靠性是主要性能之一。保证对系统提供24小时不间断服务。

4. 可扩展性原则

可扩展性原则主要体现在系统横向和纵向的扩展能力上。在系统横向扩展方面，智能视频监控系统在满足当前视频监控需求的基础上，扩展容量应该非常方便，可方便地实现更大容量的视频监控系统。在纵向扩展方面，视频监控系统具有良好的兼容性和通用的软硬件接口，用户可在其基础上进行二次功能开发（如图像智能分析等）。随着系统以后的扩展，用户容量将会不断扩大，新的业务功能的要求将会层出不穷。要求系统具备良好的可扩展性，所以在系统建设的初期，应立足于近期的应用需求进行系统配置，而以系统的可扩展性来保证今后 3~5 年内的发展需求。

5. 安全保密性原则

由于系统涉及对商业场所的实时监控、数据传输量大及使用人员多，故安全性和保密性就显得十分突出和重要。在考虑系统的安全性和保密性时，除应考虑各种外界干扰外，还需在各个环节提供安全、保密措施。

（二）大型园区的一般架构

大型园区系统一般采用模块化设计思路，分为视频监控子系统、园区车辆管理子系统、智能分析管理子系统、移动监控管理子系统、人员物资管理子系统、智能运维管理子系统、智能园区平台子系统几大部分组成。

各个部分之间实现互联，其中设备设计联网拓扑，包括园区周界、办公楼、工厂生产车间、行政楼、重要机房、财务室以及出入口、主干道及停车场等，分场景布设具体的设备，如人脸识别、4G布控球、交通抓拍机，建设监控中心以及分园区分控中心，实现云终端设备，可视化报警管理应用。

（三）大型园区的建设需求

对于园区监控来说，一方面用户对视频监控系统本身的操控体验要求越来越人性化，如高清画面显示、基于事件的录像快速检索精确定位、三维仿真GIS与组态等；另一方面，用户对视频监控系统的定位也不再是孤立的视频图像采集再现系统，而是安防系统或者其他专业应用系统的有机组成部分，视频监控系统应该与安防系统的其他子系统（如门禁、报警、消防等），或者专业应用系统的其他子系统（如动力环境系统、考勤系统、图像智能分析系统等）完成充分的融合互动。此外，随着园区规模的扩大或者企事业单位分支机构（如分校、分厂、异地厂区）的不断加入，多园区监控系统的跨域联网以及统一应用管理的需求也会越来越多。在这种情况下，使得园区监控的需求已经发生了许多变化，其中有四个关键问题需要加以解决。

（1）扩展性及原有资源利用的要求。伴随着园区规模的扩大及企事业单位分支机构（如分校、分厂、异地厂区）的不断加入，园区的监控规模和密度比以往都增加了许多，也使得基于IP的联网监控逐渐成为主流。同时，对原有监控资源的整合、多园区监控系统的跨域联网需求也会越来越多。

（2）全局资源的统一管理。IP技术越来越多地融入视频监控领域后，安防监控与生产监控这两种目的不同的业务在视频监控系统中实现共享和融合已经成为可能，由此也带来监控规模的进一步扩大。系统需要对大量的监控资源统一管理，对大量的前端设备统一维护，提升故障发现及处理的效率。

（3）开放性及业务应用的整合。随着视频技术、安防技术以及IT技术的不断发展，一方面用户对视频监控系统本身的操控体验要求越来越人性化，如高清画面显示、基于事件的录像快速检索精确定位、三维仿真GIS与组态等；另一方面，用户对视频监控系统的定位也不再是孤立的视频图像采集再现系统，而是安防系统或者其他专业应用系统的有机组成部分，视频监控系统需要与安防系统的其他子系统（如门禁、报警、消防等），或者专业应用系统的其他子系统（如动力环境系统、考勤系统、图像智能分析系统等）完成充分的整合。

（4）对可靠性的要求。随着视频监控系统在安防系统中的地位日趋重要，系统的可靠性也越发受到重视。从前端设备的可靠性到网络链路的可靠性、存储的可靠性、管理平台的可靠性，都需要以往监控系统的基础上加以提升。

四、广域互联监控

随着用户需求的不断提升，视频监控从以往一个个孤立的点，正逐渐走向集中联网，以满足资源的统一部署和监管，甚至可进行大数据采集分析、为新型可视化管理模式服务。而对于社会资源接入、企事业、教育、金融等拥有多层组织架构的行业视频监控联网，所面临的最大挑战是跨广域网的信令/媒体数据互通问题，以及低带宽广域网环境对音视频完整度、流畅度的影响。

广域联网监控的典型特征：网络链路多样、传输带宽有限、管理平台分级、安防业务要求复杂多样。

（一）广域互联监控的设计原则

由于跨地域的广域互联监控用户大多数都属于独立的行政单位，在设计建造时需要充分考虑当地的使用方式。一般来说，80%以上的使用都是当地行政单位，仅有20%左右是跨广域互联的应用，在此类应用中，系统的可操作可维护性是非常重要的。建设时应遵循以下原则。

系统性：超越部门应用的局限性，以系统工程的视角，要考虑到企业的运营能力和发展需要，坚持"一次设计、合理投资、预留发展、分步到位"的方针，尽量采用能使系统不间断地发展和扩充的技术。

易于维护性：充分考虑到用户对系统进行日常维护的工作难度，尽量减少维护工作量，甚至零维护。当系统某一点出现问题时将不会影响整个系统的运行。

具体性：充分考虑安保的各种具体要求和当地的具体情况。

易操作性：监控系统的操作应具有灵活简便，易于掌握的特点，操作人员能够方便地进行使用及维护，使整个系统发挥最大的功能。

开放性和标准性：为了满足系统所选用的技术和设备的协同运行能力，系统投资的长期效应以及系统功能不断扩展的需求，必须追求系统的开放性和标准性。

可靠性和稳定性：在考虑技术先进性和开放性的同时，还应从系统结构与产品选型、技术措施、设备性能、系统管理、厂商技术支持及维修能力等方面着手，确保系统运行的可靠性和稳定性，达到最大的平均无故障时间。

（二）广域跨域互联的一般架构

广域跨域互联监控系统由上下级域监控平台、传输链路、存储系统、前端监控系统、显示控制系统组成，上级域平台作为用户信息的汇总管理和设备故障分析，对重要点位进行监控。各级监控域通过权限划分，可以实时查看、查询录像在本地的监控点位。系统构架采用分布式结构，支持多级中心应用，采用模块化设计及分布式的数据管理，达到多级中心间的数据同步、信息交换、信息转发等功能。

（三）广域跨域互联的建设需求

1. 下级园区系统独立自治

每个下级园区都是一个独立完整的视频监控系统，具备单独的监控中心、监控管理平台、传输系统、存储设备、前端编码及后端解码设备，完成本园区内所有视频监控点的调度、管理。

2. 监控系统间多级互联

多级监控系统间要实现资源的共享及授权使用。由于各子系统独立建设，可能采用不同的实现技术，因此在监控系统间级联的时候，需要解决多厂商系统兼容的问题。目前的实现方式为上级监控平台分别兼容所有不同品牌的下级平台。

此种方式的核心是各园区系统的下级监控平台开放自己的 SDK 接口，由上级监控平台按照这些 SDK 接口分别对下级监控平台进行兼容适配，完成全网图像资源的整合。这种方式的好处是实现了全网基于监控平台的数字互通，不足之处是后期各地新建的监控系统，上级平台均需要随之跟进，按照其提供的接口进行开发，并且由于没有标准的规范制约，互通系统之间的接口可变性大，可能需要上级平台进行持续性开发和维护。

多级系统的互联需要在控制信令和媒体流两个层面完成互通，以上两种实现方式是针对控制信令进行协议互通的解决方案，其中，以统一的监控平台互通协议为基础的联网方式是未来的发展方向和趋势。在当前的实际应用环境下，如果条件不足，也可以使用 SDK 兼容的方式进行过渡。同时，受业界视频编码标准限制，目前不同厂商间的产品无法在媒体流层面实现硬件级的互编互解。在媒体编解码层面上，可以采取使用各厂家解码控件进行软解码的方式来实现。

3. 全网资源统一管理

多园区的监控系统要实现广域互联，所有监控点图像资源必须进行统一标识，全网图像资源及用户资源统一制定编码及命名。通过统一的编码，全网监控资源都具备一个唯一的标识，从而为图像资源的统一管理提供基础。

4. 跨域业务处理

监控系统的本质是要实现视频图像资源的"看、控、存、管、用"，传统上考虑这些问题都是从单园区本地监控的角度来出发，当把联网监控的范畴延伸到跨广域的多园区互联时，就要求系统能够从全局而不只是从单个园区的角度来实现跨越空间的全局"看、控、存、管、用"。多级监控系统间互联的时候，需要有权限的共享通信机制，由于每个园区监控系统的用户权限要求各有不同，多园区监控系统应可相互检索到各自平台的授权用户信息，互联平台之间可通过权限设置实现资源的共享。

5. 广域网络线路连接

园区间的广域承载网络用于承载跨域的图像视频数据流，可以是专网

（企业内网、VPN 网络），也可以是公网（互联网），由此会分化出两类不同的方案。基于专网和基于公网实现联网最本质的区别在于公网和专网不同的拓扑设计原则。公网的典型特征是业务的随机性和非控性，互联网和电话网都是典型的公网。而专网的典型特征是业务模型相对稳定、可控，大多数企业内网都是专网模式。视频监控业务作为企业、学校、政府机关内部专用的一种业务，其业务本身是不对外共享的，因此基于专网承载的联网监控是比较合适的模型，如同目前绝大多数企业网络是内部专网网络而非构建于互联网一样。

6. 干线管理

多园区之间的广域网络带宽往往是有限的，因此要求互联的园区监控系统间支持用户接入能力的协商及管理，包括监控平台间媒体流量的管理、媒体流数量限制，并可实现管理用户对跨域系统媒体流的强制撤线和提示管理。

五、智能视频安防发展趋势

（一） AI 技术赋能视频监控

在人工智能、5G、IoT 突破融合的趋势下，各地加速智慧城市建设，城市安防更是加速发展，利用深度学习技术来理解视频内容，使得安防领域成为人工智能技术最大应用场景之一。安防，被视为下一个即将爆发的市场，是国内现阶段人工智能直接创收最多的行业之一。

安防领域一直被认为是人工智能技术落地最好的行业之一。而这主要源于安防本身的两大特性：第一，以视频技术为核心的安防行业拥有海量的数据来源，可以充分满足人工智能对于算法模型训练的要求；第二，安防行业中事前预防、事中响应、事后追查的诉求与人工智能的技术逻辑完全吻合。

而从目前市场现状来看，鉴于安防领域巨大的市场规模和可观的营收利润前景，也恰恰使其成为众多 AI 巨头以及创业公司的必争之地。

目前，在整个行业上下游环节的参与方分别包括：上游，包含了视频算法提供商、芯片制造商、图像传感器、镜头模组等其他核心零部件厂商；中游，包含了硬件供应商、软件服务商、系统集成商、运营服务商；下游，为终端行业应用，涉及政府、行业、民用等领域，涵盖家庭、公安、交通、金融、学校等方向。

（二） 安防智能视频发展新趋势

当前，随着 5G、人工智能、大数据、物联网等新兴技术开始迈向深入应用，智能视频发展前景将呈现无限可能。未来智能视频将呈现以下几种趋势。

1. 趋势之一：AI 中台

"中台"一词原是活跃在 IT 和互联网行业的专业概念，进入智能安防产业和系统框架之后，本质上和安防行业大数据基础云平台是同一个概念。目前诸多龙头安防企业已经在实践"AI 中台"战略，推出了自家的中台架构。在他们看来，中台架构的构建可以更好地打通各产品的数据和前端业务，更直观地体现安防行业除前端、应用之外基础架构的重要性，实现数据和应用的分离，支持业务应用的快速开发，提升企业内部业务线进行协作的效率。

AI 开放中台的主要作用是对上层应用平台提供开放聚合的智能分析计算的能力和标准应用接口，包括算法服务能力、视频支撑能力、数据存储能力、服务资源能力、场景应用能力等。AI 开放平台为了降低开发者的使用门槛，大多能提供免费的公用硬件资源、标准规范的开发语言以及快捷易用的操作方法，有些经验的开发人员只要提供大量的样本就能通过 AI 开放平台针对自己的应用需求进行优化和改进。基于 AI 开放平台，企业可以选择聚焦核心技术突破，针对具体应用场景进行图像分析和训练标注，也可以选择与 AI 生态伙伴合作，基于第三方的成熟优秀的 AI 技术，自己专注用户的业务应用。目前，软件算法的开源优化和芯片算力的快速提升使得人工智能形成了真正开放的巨大生态。而 AI 安防平台的推出也为安防企业和 AI 企业快速普及、加速技术孵化演进、鼓励行业应用创新和扩大商业版图布局提供了重要的技术支撑。

以"天地伟业"的社会治理解决方案为例，前端产品主要是用于边缘节点计算的 AI 摄像机，云端产品主要是人脸识别比对服务器、图像结构化分析服务器、行为分析服务器。融合在前端产品和云端产品的算法可以持续升级优化，还可以根据客户的特殊需求进行定制，原因就是基于 AI 开放平台实现了算法分析和业务应用的独立，通过标准统一的接口，让合作伙伴专注各自的领域，结合行业具体应用需求和承载的硬件资源，实现灵活快速的优化配置，为不同行业不同场景提供了最优性价比的组合方案。

2. 趋势之二：数据融合

视频监控业务是一个典型的数据依赖型业务，依靠数据说话。可以说，大数据与视频监控业务有着天然的结合。典型的网络视频监控数据存储模型是一个由小溪汇聚河流、再汇聚到水库的蓄水方式。小溪数量增多、水量增大是水库蓄水量的保证，然而传统方式下蓄水量增大将提高水库建造成本和蓄水安全的要求。而采用分布式蓄水模式，在河流中游建立多个中间蓄水池，不仅可以减少主水库蓄水压力和成本，化整为零也提高了就近用水效率。在大数据技术支撑下，网络视频监控数据存储模型可转向分布式的数据存储体系，提供高效、安全、廉价的存储方式。在视频监控业务中，错看漏看、来不及看等是常见的困扰点，大数据监控图像的回溯给许多安防监控管理人员带来了生理与心理的双重挑战。在大量人力投入的公安案件追溯中，都常常耳闻"看到吐""看到晕"等无奈和感叹。可想而知，一般零售行业、金融行业等对于视频监控图像的回溯就更为困难。在视频监控大数据趋势已经来临之际，依靠人眼去检索、查看所有视频图像数据已经不太现实，通过大数据技术实现视频图像模糊查询、快速检索、精准定位，让"看"变得简单迫在眉睫。视频监控业务中，"看"只是信息采集的方式之一，"用"才是业务应用的根本，视频监控业务的效率问题已经成为阻碍产业发展的关键瓶颈。随着视频监控摄像机覆盖广度、密度增大，视频图像数据量呈指数级上升，而视频监控数据的使用效率却在下降。智能交通应用、消费者行为分析应用等综合视频监控和图像智能分析的业务出现，正努力突破视频监控效率值及商业价值低下的瓶颈。通过大数据技术，进一步挖掘海量视频监控数据背后的价值信息，快速反馈内涵知识辅助决策判断是将视频监控用好、用善的金钥匙。

大数据视频架构是革命性的技术，特别在实时智能分析和数据挖掘方面，让视频监控从人工抽检，进步到高效事前预警、事后分析，实现智能化的信息分析、预测，为视频监控领域业务带来深刻的变革。在平安城市领域，实时汇总并综合分析各种公共安全数据和资料，为执法人员快速准确应对提供科学依据：如实时调阅现场视频录像、犯罪嫌疑人记录、同一地区的相似案件资料；进行地理、时间和空间的比较分析，揭示其犯罪模式和行为模式；追踪嫌疑人与其车辆的位置等。指挥人员也可以参照各种数据，对不同来源的资料进行综合分析，制作指挥图。在智能交通行业，可以轻松监控摄像覆盖范围内的所有车辆的行驶状态、运行轨迹，快速分析出其是否违章，通过对海量交通数据的比对、分析和研判，实现指定车辆行驶路径、道路拥堵研判等功能；公有云服务领域，实现基于大数据的视频监控云服务，让摄像机仅通过互联网就能连接云端的视频监控托管服务，通过快速、智能的分析部署在云端的大数据，为小型企业、零售商店、餐馆酒店等提供实时监控视频和潜在风险管理，甚至能提供收费的基于视频内容的分析报告，如日常的客户数、平均队列长度等，创造新的商业模式。

3. 趋势之三：产品即方案

安防视频监控发展到当前，总共经历了三个时代：产品时代、设备联网时代以及智慧物联时代，每个时代的代表性产品都展示出了这一时期的核心产品竞争力。在产品时代，DVR以及摄像机就是这一时期的主流产品样态，性能指标、形态以及单品性价比等单品竞争力是这一阶段人们对于产品的关注重点。到了设备联网时代，IPC、NVR、ITC、VMS配套等产品组合，以及产品之间的互联互通则成为产品在市场中脱颖而出的必备。而到了智慧物联时代，场景化解决方案、用户体验以及开放生态则成为非常重要的竞争力来源。未来，场景化将带来很大的价值链转移，届时有说服力的竞争力将不再只是产品的性能，而是整体的解决方案与用户场景的匹配程度，以及产品的体验与服务，这就对场景化的要求提高了许多。

  对于人工智能行业化应用来说，算法、芯片以及大量的数据训练，确实是发展的重要因素，但是能否将技术与应用场景有效结合起来，形成切实可行的整体解决方案才是决定行业发展的核心因素。AI安防普遍被认为前景广阔，但发展现状"碎片化"亦是共识。一方面，安防产业对AI的需求非常旺盛，另一方面，AI落地进程困难而缓慢。目前安防行业主要在做人脸识别、车牌识别等单点AI应用，但每个场景、每个地方的需求都不尽相同，随着"智能+"走进了更细分的场景，新的场景提出更多的需求，这些需求往往需要跨领域的能力。当今社会的快速发展，让客户除单一的人脸识别模块外，更多地需要人-车关联事件分析、人脸-人体关联检索、全景多镜多任务协同等多个功能的叠加，而即使是相同的人脸识别，在公安、出入口、交管等不同场景之中的应用方式也是不同的。因此，安防的场景化+AI的碎片化相乘，最后的必然结果就是产品即方案，视频监控的前后端产品一定是可以自成体系，自成方案，解决用户的碎片化、场景化、个性化问题。

第七章 数字视频处理技术在农业中的应用

第一节 视频技术与农业技术

一、农业生产可视化

视频监控是农产品质量安全的重要组成部分。传统的监控系统包括前端摄像机、传输线缆、视频监控平台。摄像机可分为网络数字摄像机和模拟摄像机，可作为前端视频图像信号的采集。它是一种防范能力较强的综合系统。视频监控以其直观、准确、及时和信息内容丰富的特点而广泛应用于许多场合。近年来，随着计算机、网络以及图像处理、传输技术的飞速发展，视频监控技术也有了长足的发展。

最新的监控系统可以使用智能手机，实现图像自动识别、存储和自动报警。视频数据通过 3G/4G/WiFi 传回控制主机，主机可对图像进行实时观看、录入、回放、调出及储存等操作。从而实现移动互联的视频监控。

农业视频监控是利用摄像头、相机等图像采集设备获取农业生产场景的图像，如蔬菜生长情况、鱼病视觉诊断图像、水果品质视觉检测图像等，是农业物联网的重要组成部分。

（一）前端硬件介绍

摄像部分是电视监控系统的前沿部分，是整个系统的"眼睛"。摄像头一般具有视频摄像、传播和静态图像捕捉等基本功能，它是借由镜头采集图像后，由摄像头内的感光组件电路及控制组件对图像进行处理并转换成电脑所能识别的数字信号，然后借由并行端口或 USB 连接输入到电脑后由软件再进行图像还原。在被监视场所面积较大时，在摄像机上加装变焦距镜头，使摄像机所能观察的距离更远、更清晰；还可把摄像机安装在电动云台上，可以使云台带动摄像机进行水平和垂直方向的转动，从而使摄像机能覆盖的角度更大。

摄像头可分为数字摄像头和模拟摄像头两大类。数字摄像头可以将视频采集设备产生的模拟视频信号转换成数字信号，进而将其储存在计算机中。模拟摄像头捕捉到的视频信号必须经过特定的视频捕捉卡将模拟信号转换成数字模式，并加以压缩后才可以转换到计算机上运用。数字摄像头可以直接捕捉影像，然后通过串、并接口或者 USB 接口传到计算机中。电脑市场上的摄像头基本以数字摄像头为主，而数字摄像头中又以使用新型数据传输接口的 USB 数字摄像头为主，市场上可见的大部分都是这种产品。

（二）传输线缆部分

传输部分就是系统的图像信号通路。一般来说，传输部分单指的是传输的图像、声音信号。同时，由于需要有控制中心通过控制台对摄像机、云台等进行控制，因而在传输的系统中还包含有控制信号的传输。

在传输方式上，近距离一般采用视频线传输，不超过 2 000 千米的距离一般采用同轴电缆传输，更远的距离则可采用光纤传输。对于远距离传输，还需配备视频信号放大、图像信号的校正与补偿设备。

1. 同轴电缆传输

（1）通过同轴电缆传输视频基带信号。视频基带信号也就是通常讲的视频信号，它的带宽是 0~6 兆赫（MHz），一般来讲，信号频率越高，衰减越大。一般设计时只需考虑保证高频信号的幅度就能满足系统的要求，视频信号在 5.8 兆赫的衰减如下：SYV75-3 96 编国标视频电缆衰减 30 分贝/1 000 米，SYV75-5 96 编国标视频电缆衰减 19 分贝/1 000 米，SYV75-7 96 编国标视频电缆衰减 13 分贝/1 000 米；如对图像质量要求很高，周围无干扰的情况下，SYV75-3 电缆只能传输 100 米，SYV75-5 传输 160 米，SYV75-7 传输 230 米。实际应用中，存在一些不确定的因素，如选择的摄像机不同、周围环境的干扰等。一般来讲，SYV75-3 电缆可以传输 150 米、SYV75-5 可以传输 300 米、SYV75-7 可以传输 500 米；对于传输更远距离，可以采用视频放大器（视频恢复器）等设备，对信号进行放大和补偿，可以传输 2~3 千米。另外，通过一根同轴电缆还可以实现视频信号和控制信号的共同传输，即同轴视控传输技术。

该技术在监控系统中，需要传输的信号主要有两种：一个是图像信号，另一个是控制信号。其中，视频信号的流向是从前端的摄像机流向控制中心；而控制信号则是从控制中心流向前端的摄像机（包括镜头）、云台等受控对象。

并且，流向前端的控制信号一般通过设置在前端的解码器，解码后再控制摄像机和云台等受控对象。同轴视控传输技术利用一根视频电缆便可同时传输来自摄像机的视频信号以及对云台、镜头的控制功能，这种传输方式节省材料和成本、施工方便、维修简单化，在系统扩展和改造时更具灵活性。

同轴视控实现方法有两类。

一是采用频率分割，即把控制信号调制在与视频信号不同的频率范围内，然后同视频信号复合在一起传送，再在现场做解调将两者区分开。由于采用频率分割技术，为了完全分割两个不同的频率，需要使用带通滤波器、带通陷波器和低通滤波器、低通陷波器，这样就影响了视频信号的传输效果。由于需将控制信号调制在视频信号频率的上方，频率越高，衰减越大，这样传输距离受到限制。另外的方法是采用双调制的方式，将视频信号和控制信号调制在不同的频率点，和有线电视的原理一样，再在前后端解调。

二是利用视频信号场消隐期间来传送控制信号，类似于电视图文传送；将控制信号直接插入视频信号的消隐期，视频信号中的消音器部分在监视器上不显示，故对图像显示不会产生干扰，不影响图像的传输质量，通过前端视频信号的预放大和接收端信号的加权放大，可以大大延伸视频信号的传输距离，如采用 SYV75-5 的视频电缆，可以实现 2 000 米、SYV75-7 电缆实现 3 500 米、SYV75-9 电缆 5 000 米的视频传输和反向控制。

（2）通过同轴电缆传输射频信号。视频信号是指将视频信号调制到一定的频率上进行传输，也就是采用有线电视的传输方式，通常所讲的"一线通""共缆传输""宽频传输"等就是采用的此技术。

采用该技术特别适合于监控点较多和相对集中、距离较远的系统，采用该系统优点是布线简单，抗干扰能力强，但调试相对麻烦，因为是一根电缆传输多路信号，而且有的还要经过放大器放大，如果调试不好就会产生相互干扰（交调）。另外，可靠性相对于光缆、视频电缆稍差，因为共缆系统是以串联为主，接头多，特别是靠近机房的部分，如果出问题将影响前面所有的信号（视频直传方案是一对一，一根电缆出问题只会影响一路信号）。所以采用该方案时，一定要将系统详细的设备位置图给有关"共缆传输"设备的厂家帮助设计系统传输方案，另外需要配备一台场强仪。

2. 双绞线传输

利用双绞线传输视频信号是近几年才兴起的技术，所谓的双绞线一般指超五类网线，采用该技术与传统的同轴电缆传输相比，其优势越来越明显。

（1）布线方便，线缆利用率高。一根普通超五类网线，内有 4 对双绞线，可以同时传输 4 路视频信号，或 3 路视频信号、1 路控制信号；而且网线比同轴电缆更好敷设。

（2）价格便宜。普通超五类网线的价格相当于 SYV75-3 视频线，室外防水超五类网线的价格相当于 SYV75-5 视频线，但网线可以同时传输多路信号，其经济性用户可以根据具体情况核算；传输距离远，传输效果好。由于将视频信号进行了放大提升，传输距离可以达到 1 500 米，有些产品可以保证 900 米内达到与现场一样的效果。

（3）抗干扰能力强。双绞线传输采用差分传输方法，其抗干扰能力大于同轴电缆。

3. 光纤传输

用光缆代替同轴电缆进行视频信号的传输，给视频监控系统增加了高质量、远距离传输的有利条件。其传输特性和多功能是同轴电缆线所无法比拟的。先进的传输手段、稳定的性能、高的可靠性和多功能的信息交换网络还可为以后的信息高速公路奠定良好的基础。

（1）光缆传输的优缺点。传输距离长，现在单模光纤每千米衰减可做到 0.2~0.4 分贝，甚至更小，是同轴电缆每千米损耗的 1%。传输容量大，通过一根光纤可传输几十路以上的信号。如果采用多芯光缆，则容量成倍增长。这样，用几根光纤就完全可以满足相当长时间内对传输容量的要求。传输质量高，由于光纤传输不像同轴电缆需要相当多的中继放大器，因而没有噪声和非线性失真叠加。加上光纤系统的抗干扰性能强，基本上不受外界温度变化的影响，从而保证了传输信号的质量。抗干扰性能好，光纤传输不受电磁干扰，适合应用于有强电磁干扰和电磁辐射的环境中。主要缺点是造价较高，施工的技术难度较大。

（2）单/多模光纤光端机的选用。目前常用的光纤按模式分有两大类，即多模光纤和单模光纤。多模光缆用于视频图像传输时，只能满足最远 3~5 千米的传输距离，并且对视频光端机的带宽（针对模拟调制）和传输速率（针对数字式）有较大的限制，一般适用于短距、小容量、简单应用的场合。单模光缆由于有着优异的特性和低廉的价格已经成为当前光通信传输的主流，但其设备价格比多模光端机高。

视频监控光端机在技术实现上分为模拟调制的光端机和数字非压缩编码光端机两大类。模拟光端机采用的是基带视频信号直接光强度调制（简称 AM）或脉冲频率调制（PFM）技术。数字光端机主要指的是非压缩编码视频光端机，严格意义上说，是一种采用数字传输方式的视频光端机，输入和输出仍然是标准模拟视频信号。模拟光端机发展至今已有10年以上的历史，已经是比较成熟的产品，从稳定性和可维护性上说，模拟设备在温度漂移特性，老化特性和长期工作稳定性上显然不如数字设备。

(三) 视频监控平台

视频监控平台主要分为两部分：控制记录部分和显示部分。

控制与记录部分负责对摄像机及其辅助部件（如镜头、云台）的控制，并对图像、声音信号进行记录。硬盘录像机的技术发展得较完善，它不但可以记录图像和声音，而且还包含了画面分割切换、云台镜头控制等功能，基本上取代了以往使用的画面切换器、画面分割器、云台控制器、镜头控制器等产品。如果客户要求能对云台、镜头（特别是高速球）进行非常方便的控制，则可以加配控制键盘。

显示部分一般由几台或多台监视器组成，液晶、等离子、DLP大屏等技术正逐步取代传统的CRT监视器。在摄像机数量不是很多，要求不是很高的情况下，一般是直接用监视器即可。如果摄像机数量很多，并要求多台监视器对画面进行复杂的切换显示，则需要配备"矩阵"来实现。

监控系统随着计算机的发展水平的提高，已经由模拟系统向数字化系统转变，数字化系统在功能上较模拟系统完善，操作极其智能化和集中化。

二、农业信息传输技术

物联网技术中信息传输是另外一部分重要的技术。农业信息传输技术主要指"信息采集终端-数据中心-信息服务终端"之间的传输技术。农业物联网领域重要的两种传输技术为光纤传输和无线移动通信技术。光纤传输的优点是高带宽、高可靠性、传输距离长和抗干扰性强，是未来信息高速公路的主干传输手段；移动通信的优点是高度的灵活性、移动性，成为信息社会人们普遍采用的通信形式，可以和光纤通信、卫星通信等相结合。

信息传输技术主要包括光纤通信、数字微波通信、卫星通信和移动通信。光纤通信属于有线传输技术，光纤是以光波为载体，特点是频带宽、损耗低、抗干扰能力强、距离长、耐腐蚀和抗高温等。数字微波通信属于无线传输的范畴，微波通信是直接使用微波作为介质进行的通信，不需要固体介质，当两点间直线距离内无障碍时就可以使用微波传送。利用微波进行通信具有容量大、质量好的特点并可传至很远的距离，因此是国家通信网的一种重要通信手段，也普遍适用于各种专用通信网。卫星通信简单地说就是地球上（包括地面和低层大气中）的无线电通信站间利用卫星作为中继而进行的通信。卫星通信系统由卫星和地球站两部分组成。其特点是：通信范围大；只要在卫星发射的电波所覆盖的范围内，任何两点之间都可进行通信；可靠性高；开通电路迅速；同时可在多处接收，能经济地实现广播、多址通信；电路设置非常灵活，可随时分散过于集中的话务量；多址联通。移动通信是双方有一方或两方处于运动中的通信，其典型的优点是可以在移动时进行快速、顺畅的通信。

农业信息传输技术主要指将农业信息从采集终端传输到后台存储端，并完成接收的技术。传输技术包括有线通信技术、无线通信技术和负责农业信息采集的无线传感器技术。有线通信技术需要借助电缆或光缆等有线介质进行信息的传输。无线通信技术是电磁波进行信息交换的一种技术。无线传感器技术指由大量无线传感器以自组织和多跳的方式构成，负责感知、采集、处理和传输网络覆盖地区内农业信息的无线网络技术。

相当长的一段时间以来，有线通信以其稳定和技术简单的优点在农业信息传输方面占据着重要的地位，数据传输的介质为双绞线、同轴电缆、光纤等有线介质。有线传输适合测量点位置固定、长期连续监测的场合。虽然有线传输速率明显高于无线传输速率，但是有线传输方式接入点形式单一，扩展性较弱。并且有线施工难度高，掩埋电缆需要大量的人力，且耗时，还有一些不确定性因素（停电、停水）等，大大增加了施工的难度。

由于有线通信技术的局限性，无线通信得到快速发展，近年来随着无线传输技术的不断发展，在农业信息的传输上占据了重要的地位，优势如下。①目前的无线网络可以将分布在数千米范围内不同位置的通信设备连在一起，实现相互通信和网络资源共享。对于需要移动测量或远程野外测量，采用无线方式可以节省大量的费用。②无线传输中广域网的远程传输主要依靠大型基站及卫星通信，抗干扰能力强，稳定性高。③无线通信的接入方式灵活，在无线信号的范围内，可以使用不同种类的通信设备进行无缝接入，如手机、iPad、笔记本电脑等。

三、农业技术短视频内容生产与多渠道传播

互联网信息技术使移动媒体传播更加快捷高效，关于主流内容融合传播观察的研究显示，2021年各省级的新闻短视频发布与传播总量较往年上涨了近七成，短视频已经成为当前极具影响力的新兴媒体形式。我国作为农业大国，要着力解决好"三农"问题，全面推进乡村振兴。乡村的产业振兴发展一直是我国"三农"工作的重心，关系到我国的国计民生。当前，面对基础设施相对落后、文化信息传播滞后等困境，乡村要利用好互联网新媒体的传播优

势，聚焦多渠道的短视频传播平台，以农业技术作为短视频内容生产方向，努力推进农业产业升级，助力乡村振兴。

（一）农业技术短视频内容生产与多渠道传播的必要性

1. 建设宜居宜业和美乡村的要求

建设宜居宜业和美乡村是我国新时代发展的重要方向，旨在努力解决我国乡村目前存在的生产力低、村民收入低等问题，大力推进乡村事业发展。随着移动互联网的发展和智能手机的普及，手机成为乡村与其他区域沟通的重要载体，使得乡村的信息资源得到了进一步开放共享，在一定程度上促进了乡村事业的改革与发展。《乡村振兴战略规划（2018—2022年）》（以下简称《规划》）指出，我国的农村、农业经历了历史性重大变革，但仍有大部分农村地区由于资源薄弱等因素造成发展滞后。我国的"三农"问题关乎国家经济建设发展，要始终把农业、农村和农民的问题放在重要位置，随后，《规划》明确了乡村振兴战略这一重要战略部署。2019年，人民创投基于我国乡村振兴发展战略需求而发布的《短视频支农兴农创新发展研究报告》提出，随着移动互联网的迅速普及，短视频作为新的传播方式，具有创作简单、传播迅速及感染力强等特点，通过短视频进行农业技术传播，能够为拓宽农业技术短视频的传播渠道提供新的路径。

2. 对推动农业全产业链数字化转型具有重大作用

农业技术依托短视频进行内容输出和传播，能够为农业经济注入新的活力，促进农业生产生态链的升级转型，推动农业产品的销售增收；同时，也可以依托短视频平台的庞大流量，向外界展现真实的乡村生活与农业实用技术，提高农产品的曝光度，让农产品走进大众视野，从而打响农产品的品牌知名度。农产品通过短视频电商形式进行售卖能够打破地域限制，拓宽市场销售渠道，实现乡村经济的变现，提高农民的经济收益，推动乡村产业发展。

农业技术覆盖了农产品的生产加工及销售等环节，通过短视频平台进行多渠道传播，有利于促进农业产业不断引进数字化技术，加快建设数字乡村。农业产业的现代化转型升级能够吸纳农业专业人才，形成数字化人才聚集地，从而推动整个乡村产业的现代化和数字化发展。对于相对落后的乡村地区而言，短视频平台是乡村收集外界信息的重要途径，能够增加与外界技术交流的频率，推动乡村农业生产技术的提升。数字经济时代背景下，农业技术短视频的内容生产与多渠道传播使"农业富农"成为可能，真正实现"三农"工作发展新农村的价值，为未来实现更高的农业科学技术进驻乡村建立了端口。

3. 对推动乡村科技发展和助力乡村人才振兴具有重要意义

农业技术短视频的内容创造者可以是乡村居民、农业创业者或是返乡大学生等，依托短视频平台对农业技术进行内容生产和多渠道传播，在传播过程中可以将乡村农业技术的真实发展情况展现给观众，让观众体会到乡村的变化与发展，这对推动乡村科技发展和助力乡村人才振兴具有重要意义。首先，农业技术通过短视频进行传播，能够吸引与自媒体相关的专业人才返乡创业，他们通过短视频平台积极宣传助农活动、向观众展现现代农业科技，借助自身专业优势在短视频平台积累粉丝。在短视频创造者拥有稳定流量后，可以以自媒体账号为载体，为当地的农产品拓展销路，助力农民增收。其次，农业技术通过短视频进行传播，不仅能够促进农业技术的升级与发展，还能扩大农业的产量产值。例如，农业专业人员可以通过短视频平台进行农业技术知识传授和经验交流，实现农业技术的全国推广。以农业技术为导向的短视频传播，能够在一定程度上推动农业知识在乡村地区的流转；专业人士可以通过短视频平台进行"云指导"，在指导的过程中了解真正的农业技术需求，从而更好地为农业技术升级提供保障，助力农业科技发展。

（二）农业技术短视频的内容生产与多渠道传播新格局

1. 乡村居民实现创业的新平台

互联网自媒体的飞速发展离不开 5G 技术的升级，5G 技术的持续覆盖不仅推动了我国数字化技术进程，更以高速率、低时效等特点加快了新媒体的传播速度和传输分享，推动了短视频平台的高速发展。我国作为农业大国，农业一直是我国的国民经济基础。由于短视频入门较为简单，对内容创作者的文化水平要求较低，乡村居民非常热衷于用短视频来记录自己的乡村生活。此外，主播也成为乡村的新职业，乡村居民通过分享日常生活积累粉丝，随后开通直播带货渠道实现经济增收，而短视频平台则成为乡村居民实现创业的新平台。

2. 农业技术多渠道传播的新机遇

腾讯媒体研究院公布的数据显示，2022 年我国短视频市场规模达 3 765.2 亿元。随着短视频市场的发展，用户对于短视频的内容质量提出了更高的要求。与此同时，大数据等技术为农业技术短视频传播提供了技术支撑，改善了过去乡村由于信息传递闭塞，农技人员稀缺，农民的农业科学技术知识匮乏等情况。短视频平台的爆火，不仅为农民拓宽了农产品的销售渠道，提高了经济效益，更是为农业技术推广普及带来新的曙光。随着互联网自媒体应用在乡村的普及发展，农民接收信息越来越便捷，不仅能够提高农民的生活幸福感，更能让农民在现代化信息的渲染下促进自身的思想理念转变，逐步向现代化农业生产者转型。例如，越来越多的农业技术专家借助短视频账号分享现代农业技术知识，乡村居民通过关键词搜索便能"云学习"。通过短视频直观的镜头语言，一些较为繁杂难懂的农业技术方法、技术操作步骤等更加容易被人们掌握。

（三）农业技术短视频内容生产与多渠道传播体系构建

1. 发挥政府效能，多方联动聚力

在构建农业技术短视频内容生产与多渠道传播体系过程中，政府相关部门需要基于短视频直播平台的流量优势和技术优势做好官方媒体带头作用。在"三农"的内容领域中，政府相关部门需要以农业技术为项目核心，开展短视频话题活动，如"农技新发展""农技经验我在行""农技助力农业大转变"等热点话题，助力乡村技术短视频内容的生产与多渠道传播，以农技话题聚焦短视频平台的"三农"内容领域，整合优质创作内容，精准匹配短视频用户，吸引用户流量。

值得注意的是，热点话题的持续发酵对于农业科技短视频的内容制作与账号运营等内容生态链提出了更高的要求。为持续助力农业技术短视频的内容生产与多渠道传播，在自媒体运营等基础技能中，政府相关部门应联合短视频平台大力开展"农技大课堂"活动。例如，开设短视频的选题与制作、账号的运营与维护及直播技能教学等自媒体基础课程，围绕乡村振兴战略发展要求及农业产业的扶贫政策，邀请农业产业、农业技术等专业领域学者入驻"三农"短视频内容领域群组，以课程等形式教授农民农业技术知识，帮助农民创作者找准技术定位，助力地方产业发展。

此外，政府相关部门应大力推动短视频平台与学校建立校企合作关系，引入更多领域的农业技术。通过短视频平台搭建农业技术学习的桥梁，可以实现农业专家、农技专业学者与乡村居民等多方信息共享，有利于提高乡村居民的农业生产水平，助力乡村产业振兴。

2. 运用平台优势，助力农技传播

科技大变革时代下，我国对于农业科学技术的需求正在不断增加。在相关政策支持下，大部分乡村正在向现代化转型，模糊的城乡边界让越来越多的乡村居民意识到农业科技对乡村产业发展的重要性，并希望通过农业技术推动乡村产业的发展。在移动互联网的助推下，基于信息的快捷有效传播，农业技术短视频内容创作者可以借助自身技术优势和短视频的市场发展，以课程直播形式开设农业科技课堂；农技课堂教师由专业领域学者、专家组成，课程内容要根据乡村居民对农业技术的需求进行调整，通过直播授课形式，在线连接农民

进行"云指导"。农业技术通过直播课程的形式,不仅能够实时解决农民困惑,农民还能通过课程回放进行反复学习。此外,农业技术短视频内容创作者可以以课程教学的自媒体账号为核心,围绕区域农业产业经济,大力推动农业科技成果转化,全面提高区域性农业科技的发展。

以《农村新技术》杂志为例,经过多年的媒体融合探索,《农村新技术》杂志搭建了出版、直播、短视频、科普读本等形式多样的传播渠道,形成了"期刊+短信平台+微信公众号+今日头条+抖音……"多媒体融合的全媒体矩阵,形成了相对成熟的传播体系,逐步构建起一个全新的农业科普传播生态系统。在乡村振兴战略中,《农村新技术》杂志充分运用传统媒体和新媒体,解读产业政策、宣传做法经验、推广典型模式,营造了良好的发展氛围。针对农业实用新技术等内容,《农村新技术》杂志深入科研院所、农业基地开展专项内容采写与拍摄,并制作出一系列短视频产品。在深挖农业技术科普内容的基础上,通过分析不同内容适合的传播渠道,将生产的短视频在微信、微赞、抖音、今日头条等平台上进行整合并多渠道传播,使农业技术知识得到了普及,并以知识产品传播服务的形式助推了乡村振兴。

3. 深耕内容生产,创新表达方式

随着自媒体传播矩阵的不断变革,以短视频作为自媒体的传播载体正在迅速崛起。用户观看短视频的内容和动机逐步多元化,这对短视频内容提出了更高的标准和要求。

农业技术依托短视频进行内容创作和多渠道传播时,要以视听结合的形式进行展示,打破传统单一的文字表达形式,使内容更具直观性,进一步提升农业技术短视频的传播效果。

例如,农业技术短视频创作者进行内容生产时,需要顺应自媒体时代的发展,可以借助第一视角进行农业技术科普和技术操作展示,为用户打造"沉浸式"学习和"现场感"体验,激发用户的观看兴趣,增强粉丝黏性。

创新农业技术短视频内容表达形式,是增强用户观看短视频时长的因素之一。农业技术短视频创作者在进行内容创作时,可以适当加入一些娱乐元素以吸引用户注意力,增强用户的观感体验,例如,可以增加极具特色的方言、有辨识度的开头语或结束语等。此外,考虑到用户在关注短视频内容时容易受到主人公肢体动作或语言表达的影响,可以通过极具特色的语言表达形式让观众产生新鲜感,加深对短视频内容的印象,从而获得大批粉丝关注,增加受众黏性。

移动设备在我国的快速覆盖促进了短视频的发展。短视频凭借自身传播速度快、信息量大等优势，为人们提供了更多的表达机会，甚至一些用户观看短视频的动机不再局限于休闲娱乐，而是更加注重知识信息的获取。短视频行业的"爆红"，给乡村发展、农业升级、农民进步、乡村文化传播带来了新曙光。首先，基于我国乡村振兴的战略发展，政府作为中坚力量应起到积极带头作用，要联合多方渠道，以农业技术为核心进行短视频内容生产和传播体系构建，提高农业生产水平，助力乡村振兴。其次，短视频平台应顺应时代发展，从农业技术出发，开展农业科普直播，围绕区域农业产业经济，大力推动重点农业科技传播，全面提高区域性农业科技发展。最后，要从观众对短视频的观看体验出发，通过极具特色的语言表达，激发用户的新鲜感，增加受众黏性。乡村要利用好互联网新媒体的传播优势，聚焦多渠道短视频传播平台，以农业技术作为短视频的内容生产方向，推进宜居宜业和美乡村建设和农业产业升级，助力乡村振兴。

第二节　视频技术赋能农业推广

一、短视频赋能农业技术推广的作用路径分析

当前我国农业技术推广模式仍以行政为主导，通过从中央到省市县乡农技推广部门设立专门的机构进行逐级推广，但专业人才匮乏断层、知识老化、激励机制欠缺、推广资金短缺、方式方法落后、运行质量及效率低下等诸多弊端难以实现当今农技供需双方的精准高效对接。同时，诸多显性及隐性成本居高不下，农技推广迫切需要新的传播渠道解决上述问题，实现机制创新与改革。随着短视频应用范围的不断延伸，相应的各个领域及行业形态也发生巨大蜕变，对于农技推广这类需要传播媒介的形式而言，其赋能表现直接决定农技供需双方的采纳意愿，对农业技术本身而言也将起到一定更新价值。通过分析短视频对农技推广赋能作用路径的具体体现，对深入研究其应用层面现状及推广机制的完善大有裨益，主要从农户的农技素养、农技传播效率、推广成本及产研融合四个赋能作用路径具体阐述。

（一）提升农户农技素养

随着我国经济的快速发展，农业科技成果产出取得长足发展，我国每年有6 000余项农业科技成果面世，但转化率仅40%左右，这说明加快农业科技成果转化势在必行，但在实现农业现代化的征程中，节水技术、无人机统防统

治、机械化收获等先进农业技术对农户的知识能力提出了更高的要求，必须从提升农户自身农业技术的掌握水平入手，提高农业现代化整体水平，实现高质量发展。

传统相对晦涩难懂的书本、文字、图片类农业技术指导显然吸引不了知识文化水平相对较低的农户。同时，目前我国行政化的农技推广由于经费不足及人才队伍匮乏等种种原因，造成更新换代速度较快的农技与农户之间严重脱节。而在日常生活中，短视频本身就已经成为农户娱乐方式之一，界面简洁、操作简便、内容丰富的特点很快拉近了二者的距离。"三农"是短视频平台重要的创作内容之一，各个地区数以万计的农业技术创作自媒体在各个短视频平台的活跃，解决了农技推广人员数量的不足的问题，又由于能够帮助农户解决农业生产中遇到的实际问题，农技类短视频因此备受农户欢迎。农户还可以通过多次回放的方式进行农技练习，弥补了传统电视农业频道固定时间节点播出的缺陷，进一步提高了农技操作的熟练程度，也大大促进了农业技术推广效率的提高。

（二）实现农技高效传播

目前短视频是人们使用智能手机频率最高的应用之一，因此信息扩散效率更高，农技指导方创作者在发布一项农业技术指导短视频之后，加以平台算法机制支持，单位时间内实现快速扩散。而以纸质媒体和电视广播为主的传统媒体传播效率显然跟不上时代要求，纸质媒体即时性差，传播成本也高，大部分农户也都没有阅读纸质媒体的习惯；而电视广播定时定点传播的方式十分具有局限性，传播渠道十分单一，传播效率提升自然不够明显。在农业指导的过程中遇到各种问题通常是突发的，未预期的，农户以传统媒体方式接触农技指导信息的障碍性相当复杂。

而短视频借助现代互联网技术，实现移动手机端以及官方短视频平台随时随地及时进行扩散传播的效果。相较于传统的层层递进、逐步传播的行政化农技推广指导方式，短视频能以发散方式突破时间地理限制，进行全方位覆盖，因此在进行农业技术指导时更加便捷高效。农技指导方利用专业拍摄道具将整个农技指导过程压缩精简成短视频，配上简洁文字及通俗的语言，更加利于农民接受，无论农户身处何时何地，都可以通过互联网短视频平台进行观看学习。在遇到各种问题时，农民可以及时通过短视频进行评论、私信或直播连线的方式与专家进行沟通，解决现实生产中遇到的问题，继而提高整体信息传播效率，使得农技指导过程更加便捷高效。同时，利用短视频传播的过程中减少了中间环节，农技指导专业人员通过线上法方式直接对接农户，减少了中间过程信息的流失，整个传播过程更加快捷完整。

（三）降低推广人财成本

当前我国大部分基层地区农技推广资金缺口较大，国家及省级农技推广经费经县财政-农业农村局-农技推广机构逐级下拨。由于县级财政本身较为困难，造成农技推广经费并不能完全落实到技术推广方面；同时部分基层管理者对农业技术推广工作的认识程度不高，一些部门在得到国家农技推广专项资助补贴之后，首先会用于技术推广人员工资的发放，在用于提升基层农技推广人员的技术素质等方面的经费就更少，导致推广经费严重不足，无法实现推广体系落实其服务任务和功能。

与传统农技推广涉及政府、科研事业单位及基层单位等多部门联合组织的形式相比，短视频具有传播信息范围广，传播内容丰富，传播效率便捷的优势，在降低农技推广成本上能够发挥重要作用。农户可以利用短视频下载、重复播等功能，一次发布完成之后可供农户重复学习应用，大大节约了资金成本。相关技术人员也不需要下到基层与农户面对面手把手进行技术指导，只需在线上回答评论私信或连线，就可以解决大部分农户农技实践中的难题，从而节约了人力成本，专业化的指导也解决了农技推广队伍人员科技素质参差不齐的问题。与此同时，对于农户来说，短视频节约了技术指导的学习时间，更加直接地接触到最新的农业技术指导，节省了向农技推广部门寻求指导帮助的时间成本。相较于传统媒体来说，短视频易于被农户接受的优势使得农户学习起来效率更高，节约了学习时间成本。遇到实践难题只需要留言评论或者私信就能建立起农户与农技指导人员的联系，破除了传统媒体技术指导无人解答或者反馈时间过长的障碍。因此，对于农户来说，利用短视频学习农技不仅节约了学习时间，也节约了解决问题的时间，从而降低整个过程的时间成本。

（四）加快农业产研融合

传统单一的农技推广方式必然会带来针对性的缺乏，农技人员通过简单的讲解或示范，并未针对农业生产技术以及农机设备本身的特性进行调整和优化，也没有对具体的推广方式进行创新和拓展，进而影响新一代农业技术与生产的适配。同时，自上而下推广时，常会因为技术时滞问题不能及时接收到田野反馈，农技科研及推广被束之高阁，难以针对实践的调整做出反应，农业科技创新的速度在一定程度上被减缓，进而不利于农业科研与生产的结合。

而通过短视频方式进行农技推广，农户参与的积极性大大得到提高，农业科研与生产相结合的速度大大得到加快。第一，农户参与技术反馈的门槛较低。在短视频媒体中，仅通过注册账号进行评论就可以发表农技需求与意见，农户的参与感大大提升,科研方无须通过大面积问卷调查即可了解分析当前农户需求,进而针对性改进农业技术科研方向。第二,短视频媒体的参与具有透明性,互动性强。相较于传统媒体来说,农户在短视频媒体上发表的意见更容易被大家所关注,在整个过程中农户群体可以进行留言讨论,对于相关的技术指导可以发表自己的意见进行积极的参与,增强了相关农户参与的透明性和整个过程的互动性。第三,短视频的参与具有即时性。在传统的农技推广方式中,只有在技术人员在场的时候才可以反馈问题。在短视频媒体中,农户在遇到问题的时候可以及时咨询,在后续有其他的问题也可以进行随时进行补充。整个过程中更加自由,反馈问题更加方便,从而能够提高科研人员的积极性,助推农业科研与生产相结合。

二、提升短视频农业技术推广效能的相关建议

(一) 强化政府短视频推广农技的支持引导

农业技术具有公共产品的特性,各级农业政府部门是保证农技推广实现供需平衡的关键角色,结合信息化新媒体时代背景,政府需对自身进行重新定位,借鉴国内外相关经验做法,接纳并学习短视频推广农业技术的新模式,科学规划组织,将这一模式更好地在农户间进行传播宣传,通过引导提升农户自身数字技能和创新意识实现农业经营效益的提升。具体建议如下:

一是要充分认识短视频推广农业技术信息的重要性。借鉴现有成功案例,联合主流短视频平台,共同做好农技推广短视频的宣传、推广及应用工作,明确各级政府短视频农业技术推广过程中排头兵的角色定位,扩大短视频农技推广的宣传覆盖面,引导农户充分认识到新型农技推广模式带来的生产生活的便利及经济效应。二是要积极整合资源实现多方参与。充分调动短视频平台、农业技术推广机构及科研院所积极性,形成常态化机制,建立大数据共享平台的同时加强信息监管,定期开展"农技大讲堂"等短视频直播活动,鼓励自家经营农户参与学习实践,针对农户现实所需,及时跟进联合信息维护及技术更新。三是要培养本土专业化短视频农技推广创作者团队。支持鼓励组织本地文化水平高、农业技术好、实践经验丰富的本土能人成立短视频农技推广专班,调动具有技术优势的乡村"能人"通过进修培训学习,提升专班在视频制作、技术讲解及后续帮扶方面具有服务意识的能力,形成现代化农民技术素养提升的汪洋大海。

(二) 增加短视频农技推广信息密度

本研究调查发现,由于消费及生活习惯的影响,部分农户对于智能手机与

社交媒体使用率相对较低，农户使用手机通信功能高于使用互联网 App，在日常生活中接触农技推广类短视频的频次远低于娱乐文化及消费类短视频。对于一些年纪较大、文化水平低的农户来说，此类短视频甚至存在认知不到位的现象。其中，智能手机普及率、移动数据量、App 渗透率（装机率）、算法偏向度等，均在不同层次上直接影响到农技类短视频在农户面前的曝光率，这些农技推广短视频供给方的短板完全可以通过政府与短视频平台合作手段进行弥补。具体建议如下。

（1）优化农村互联网基础设施建设。落实数字乡村建设规划，缩小城乡数字"鸿沟"，扩大宽带网接入网覆盖范围，提高农户互联网、智能手机普及率，对农村地区困难农户购买智能手机进行政策优惠补贴，联合通信运营商定向需求密集的农村地区给予移动数据量优惠，解决农户农技类短视频学习方面的经济顾虑。

（2）提升农户短视频 App 渗透率。基层政府与新型农业经营主体应主动加强农技类短视频的宣传推广，向农户介绍农技推广新方式的应用优势，用基层案例形式向农户进行现身说法，普遍提升农户对于农技类短视频学习热情，同时对于农村地区文化建设方面亦能发挥重要作用。

（3）控制好农技类短视频投放时间。短视频平台应充分考虑在传统农忙时节之前，利用短视频平台大数据算法技术，统计短视频播放量及直播观看量最高的时间区间，并选择在此时间段向农户推送农技类视频，以提高农技类短视频播放频率，增加农户与农业技术推广信息黏度，充分保证农技类视频供给。

（4）定向精准分类发布农技类短视频。结合当地农村产业类型及方式、农户的务农类型、情感偏好，精准定位农技推广类短视频发布合适的时间及对象。对物化农技及技能型农技要在合适的范围内进行精准分类定向大量推送，保证农技推广供需双方的精准对接，降低农户学习农技的搜索成本。

（5）平台要完善反馈机制。利用大数据算法对用户关于此类视频的评论及效果反馈进行统计和分析，不断改善农技类短视频内容，来迎合农户偏好，使农技推广短视频风格更容易被接受，提升此类视频传播效果，以实现宣传与科普工作的效果。

（三）提升短视频农技推广信息质量

作为一种创新型传播媒介，短视频在农技推广方面起到的作用存在高度的即时性，大大降低了农户购买到新型物化农技（良种、植物生长调节素、化肥、农药、兽药等）及学习新型农业技术的成本。但同时通过调查也搜集汇总到一些农技推广短视频制作水准不高、互动性不充分、技术科学性与实用性不达标的现象，这些问题背后存在的是大量哗众取宠、参差不齐、实际推广农技动机不纯的视频及创作者。为了解决农技推广短视频质量不高的问题，具体建议如下：

（1）保证创作者队伍专业化。聘请互联网领域实践能力强的农技专家，为农技推广创作者、新农人们传授提升网络管理、信息服务、农技推广等方面的专业化知识与技能，以此保证农技推广视频标准规范化，提高农技推广短视频创作者准入门槛。同样重要的是，也要吸引农业生产经验丰富"本土化"能人参与，不拘一格降人才，对这些农技知识经验丰富的人才账户进行专业用户认证，提高其权威性。

（2）增强平台农技推广服务意识。短视频平台要完善信息采集服务与管理制度，针对虚假农技信息要采取加大处罚、封号等手段，杜绝虚假宣传、向农户消费者售卖没有安全标准或过期农资等。发挥平台互动机制优势，建立农户与短视频创作方沟通交流的桥梁纽带，同时保证农户消费者及创作者方隐私安全，让文明互动贯穿短视频制作、发布、学习整个流程。

（3）确保农技推广短视频科学性。应建立视频科学性鉴别、审核、评审第三方机制，聘请专业农业科研机构院所或官方农技推广短视频创作团队定期对短视频进行科学性鉴定，对于不符合科学依据且存在潜在生产风险的视频内容进行下架惩处；同时对于规范科学且农户反馈效果好的视频进行流量扶持，提高整体农技推广视频科学化程度。

（4）加强短视频农技应用简洁性。降低农户对于新型农业技术使用的时间成本，筛选出流程简洁、生产效果好、技术转化率高的农业技术向农户重点投放，要注重将技术的更新迭代同化为农技推广短视频的更新迭代，保证农户以更快的速度、更低的成本学习到更为先进的农业技术。

（5）提升农技推广短视频精准性。鼓励引导本土农民合作社及家庭农场等新型农业经营主体参与农技推广短视频的制作，充分考虑当地自然资源优势、地理条件、经济发展水平，结合专业人士指导意见，采取更为本土化的农业技术更加精准地进行农户农业生产方法的指导，避免农业技术"水土不服"。

（四）破除农户短视频农技推广信息获取能力障碍

相对于平台主流的文化娱乐消费类型的短视频而言，农技推广类短视频的流量相形见绌，实际应用中具备短视频等新媒体实用操作技能多集中于有文化、有知识的现代农民。然而，对于普通农户来说，学习能力的下降、专业技能的缺失都会导致其意向通过短视频学习的热情大大递减，难以搜索到自己想要的农技视频、获取最为先进的农业技术，收益产量俱佳的良种等成了当前广大农村地区农技推广的绊脚石，具体建议如下。

（1）优化短视频平台农技信息搜索机制。一方面学习借鉴其他平台先进经验，提升用户满意度，建立多样化农技推广短视频分类机制，例如按照农技类型分为物化农技、技能型农技等，或者按照农业行业精细划分形成搜索模块单元，让农户能够实现打开 App "一键直达"。另一方面，提升短视频农技推广信息智能化程度。平台要精准识别农户生产经营种类方式，在算法加持的背景下注意农业技术的迭代，实现专项农业技术智能化推送。

（2）增强农户现代化媒体学习能力。针对想要通过短视频搜索农业技术但自身对于硬件操作能力不足的农户，基层乡镇政府应组织志愿者定期开展农户智能手机、短视频 App 学习培训，对于学习当中存在的困惑及问题，要及时做好总结，联系平台及创作方进行及时总结反馈，不断改进 App 使用技术，增强农户短视频学习农技推广基础能力。

（3）加强农户间短视频农技推广信息共享。在传授农技知识的基础上，农户自身也应做好短视频"新农具"学习感悟，对于自家使用的化肥、农药、栽培技术、养殖技术、病虫害防治等农技也应在农户间分享学习交流，促进整体农户农技能力及农产品品质产量的双提升，同时也能形成乡村良好的学习氛围，助力乡风文明建设。

（五）加快农户短视频农技推广信息转化

在解决短视频农技推广信息密度、质量以及破除农户学习障碍的基础上，知识的技能转化尤为重要，这也是农业科技成果转化为现实生产力的"最后一公里"，然而通过调查发现，短视频推广农业技术模式下农户对短视频信息转化的关键障碍即是技术实际落地的环节，通过农户的主观评价可以看出，短视频农技推广信息的使用感受、技术的实际可操作性和效应均会影响到从知识信息到技能的转化，具体建议如下。

（1）加强农户与农技视频创作方联系。对于售后技术指导及更新，双方应建立利益共担机制。就农户而言，在农技实践过程中，应主动及时向农技短视频专业人员进行反馈交流，及时提出科技成果落地方面的问题；新型农业经营主体、官方农技推广创作方应针对田野反馈做好跟踪调查，以专业化讲解回应农户困惑，促进农技高效落地。

（2）建立农户满意度、获得感为依据的农技推广短视频评价体系。农技推广短视频信息供给方平台要定期搜集农户农技学习建议与意见，从视频制作水准、推广创作方专业化程度、用户体验等多维度主观指标对视频创作方进行评价并向农户进行信息公开,形成农户与短视频供给方之间的良性互动。

(3)建立以有效性、适用性为依据的技术评价体系。从技术的角度采集农户在实际生产应用当中技术的体验感受,建立以生产经营效果为主要导向的技术反馈评价机制,同时还应考虑地理气候等因素带来的农业技术适用性为指标的客观评价机制,制定更加精准的农业技术改进方案,更好地服务农户生产经营。

三、"短视频+农业生产技术服务"模式应用

目前,我国正处于从传统农业向现代农业转型的关键时期,"互联网+农业"模式将会起到至关重要的作用。互联网特别是移动互联网的发展给农民生活带来便利的同时,也给农业生产技术服务模式的转型升级带来无限可能,诸多学者也对互联网在农业领域的应用做了很多有益的探索,主要集中在农产品电子商务、农村互联网金融、智慧农业、农业信息平台建设等领域。人们正随着互联网和移动终端的发展走进一个视频时代,大量网红主播甚至地方县长通过抖音、快手等短视频平台走进直播间直播带货,可以说短视频平台+农产品电子商务取得了巨大的成功。

(一)"短视频平台+农业生产技术服务"优势分析

农业技术人员是做好农业生产技术服务的关键资源,农业生产空间的广阔性也更加突显了农业技术人员这种资源的稀缺性,少量的农业技术人员往往无法充分满足分散农户对农业技术服务的需求,这无疑增加了农业技术人员对农户进行技术指导的难度。集中农业技术培训是目前解决这一矛盾的重要手段,但其成本较高、场地需求不易满足、农户农事安排冲突等难以协调的因素导致农户集中培训往往无法达到理想的效果,农业生产技术服务效益不能充分体现。

近年来,互联网的发展突飞猛进,智能手机普及率不断提高,快手、抖音等短视频社交平台成为每台手机的必备App,让这些短视频平台充当农业技术人员与被服务农户的桥梁成为一种新的选择,将很大程度提高农技人员进行农业生产技术服务的效率。"短视频平台+农业生产技术服务"有以下优势。

1. 短视频已经成为一种生活方式

在过去两三年时间里短视频平台迎来了迅速发展,用户规模爆发式增长,人们进入一个移动短视频时代,短视频也带动了诸多产业发展,例如"打卡经济""直播带货"等,近期更出现了县长直播带货农产品的做法,为农产品

电商注入了新的动力。良好的视频拍摄体验也成为目前各大手机厂商关注的焦点，部分手机厂商率先推出视频手机，为用户拍摄短视频或 Vlog 提供了软硬件技术支持。农技人员在拍摄时画面更加真实，甚至讲话语音可以直接转化成字幕，能给观看视频的农户更好的观看体验。短视频已经成为当下人们的一种生活方式，加快模式创新，利用好短视频发展的机遇，让短视频为农业生产技术推广而服务。

2. 面向不同用户的精准视频内容推送

随着大数据与人工智能技术的发展，短视频平台利用大数据技术对每一位用户使用 App 的过程进行智能分析，比如用户喜欢某一类内容，比较关注某方面信息等，从而针对每位用户形成一个用户模型。短视频应用后台在用户使用过程中可以根据用户模型进行精准的内容推送。这一功能使得每一位用户所看到的内容组合都是不同的，职业农民一般比较关注农业相关内容，当他观看视频时往往会更多收到关于农业信息、农业技术方面的内容推送。

3. 打破时空障碍，利用碎片时间随时随地学习农业技术知识

农业技术人员可以开通快手、抖音、西瓜视频、今日头条等短视频账号，上传讲解农业知识点或者演示农业生产技术以及成果展示的短视频，农民无论在田间地头休息或者居家情况下，只要有网络就可以随时观看农技人员上传的视频，进行收藏、评论、转发、点赞等操作，从而积累新的农业技术知识，并且鼓励农技人员进行新的创作。农民通过收藏或分享此类短视频，日积月累也会形成自己的一套资源宝库，当遇到技术难题时可以查询相关解决办法，反复观看，学以致用。

4. 广大农户与农技人员可即时互动沟通

传统农业生产技术服务过程中往往是农民遇到问题后通过电话、微信等一对一地解决问题，或者组织专门的现场会、培训等。短视频时代，农户与农技人员有了更多"面对面"的机会，农业技术人员可以通过网络直播的方式与农民进行沟通交流。农民可以在观看直播时在评论区提出自己的疑问，由正在直播的农业技术人员进行即时解答，也可以通过私信的方式直接与农业技术人员沟通。农业技术人员对类似问题进行汇总后，可以发布短视频或者在直播中讲解。随着农业技术人员发布视频数量的增加，形成一个短视频库，当地常见的农业技术问题都可以在其中找到答案。

(二) "短视频+农业生产技术服务" 模式推广分析

1. 农产品直播带货率先发展的原因

目前 "短视频+农业" 领域发展最快的要数农产品直播带货，返乡大学

生、农民、网红等通过短视频平台直播的方式对农副产品进行线上销售，取得了巨大成功，各地名、优、特农产品搭上电商快车销往全国各地，很大程度上解决了优质农产品销路问题。农产品作为商品，随着互联网、物流、消费者消费习惯等的迅速发展与其他工业产品一同进入电商时代，而农产品直播带货成为互联网时代"短视频+农业"领域的领头羊是因为农产品销售是农业生产过程中价值实现的关键环节，该过程受市场调节作用更为明显。农产品只有经过销售才能使农民及中间商获得收益，这是农产品价值实现的关键环节也是农产品直播带货率先发展的重要原因。

2. "短视频+农业生产技术服务"模式创新的必要性

农产品销售过程中获益主体较多，但承担农产品生产与销售最大风险的仍然是农民。各地有名、优质、特色、新奇的农产品在直播带货过程中往往更容易获得消费者青睐，经销商、网红等可以寻找适销对路的农产品进行销售以获得丰厚的收益，一些同质化、质量欠佳的农产品因此缺乏竞争力而低价销售，市场风险由农民被迫承担，农民收益无法得到保障。农产品直播带货的成功充分证明了"短视频+农业"具有巨大的发展潜力，政府、农业技术人员、农民等主体挖掘"短视频+农业生产技术服务"模式的应用潜力，生产物美、优质、特色农产品具有一定的必要性。

(三) "短视频+农业生产技术服务"模式推广建议

1. 优质内容建设与爆款视频打造

短视频平台有自己的一套爆款视频甄选流程，当用户发布一条视频时，平台会将该视频推送至一个较小的流量池，智能分析该流量池观众的点赞数、评论数、转发数、关注数等观看情况，点赞数、评论数、转发数、关注数较多的短视频一般具有优质内容，更加容易受到观众的喜爱。平台进而根据对喜欢该类视频的用户的分类，将该视频推送至一个更大的流量池，如果该视频持续受到观众的喜爱，将逐渐成为爆款视频，获得惊人的播放量，达到良好的传播效果。农技人员在进行视频制作时要注重视频质量，短小精悍、直击要点，关注广大农民所关注的内容，解答农业生产所遇到的问题，制作农民喜闻乐见的内容，充分发挥"短视频+农业生产技术服务"模式的作用。

2. 因地制宜选择创作内容

农技人员通常是为当地农民群众服务，也更加熟悉当地的农业生产状况，从而地方农技人员着眼于当地农业生产需要进行内容制作会更受当地农民欢迎。引入四象限法则对农技人员如何因地制宜选择创作内容取得更好效果进行分析。四象限法则把所需要做的事分为四类，分别是紧急而重要的事、不紧急但重要的事、不紧急也不重要的事、紧急但不重要的事。农技人员在制作视频时首先应该选择紧急而重要的内容，坚持做不紧急但重要的内容，少做不紧急又不重要的内容。例如，在春播之前宣传先进的春播技巧，属于紧急而重要的事，应该尽快发布相关内容；平时对优良品种、先进技术效果、提质增效或区域品牌建设等的宣传属于不紧急但重要的事，要坚持做优质内容，对农业生产形成长期有效的影响。

3. 鼓励基层农技人员创新工作方法

基层农技人员最根本的任务是钻研农业技术，服务广大农户，但讲究工作方法创新也十分重要。利用"短视频+农业生产技术服务"模式有利于缓解基层农业技术服务工作中经费紧张、人员短缺等问题，放大农技人员的工作成果，真正服务好每位农户。有关方面要以开放包容的态度给予农技人员创新的空间。

第三节　视频技术在农业中的应用

一、网络视频技术在农业物联网中的应用

现阶段，我国农业正处在传统农业朝着现代农业发展的重要阶段，物联网技术在农业当中的研发应用，无疑为现代农业发展提供了良好的发展机遇，与此同时，近年来国民经济的快速发展、国力的持续增强，各行各业对于现场记录、报警系统、安全防范的需求持续增长，且要求呈现为不断增长的态势，网络视频监控技术开始得以快速发展，在各行各业的应用越来越广泛。但从农业物联网发展现状来看，其在"可视化"建设方面存在一定的滞后性，对于网络视频监控技术方面的应用不足，导致农业物联网远程监控方面存在一定的缺陷。因此，在网络视频监控技术快速发展的背景下，深入研究网络视频技术在农业物联网中的应用就成为当前农业科研的重要内容。

（一）农业物联网面临的制约因素

从现阶段农业物联网发展情况来看，其当前面临的制约因素主要包含技术层面、非技术层面。首先，当前农业物联网在实际应用中，仍旧是通过机器来进行有关数据的感知、收集，这就使得农业生产信息采集范畴面临局限性，相应的数据类型倾向于环境因子，导致相应的数据较为分散、信息质量不高，明显缺乏有效的音频、视频通信功能；其次，农业物联网生产信息服务模式较为

单一，这个过程中缺乏有效的互动，且各个种子系统相互之间缺乏统一标准、规范，信息共享方面还面临较大困难，当农业生产进程中面临问题的情况，无法第一时间针对问题进行分析并处理；最后，农业物联网信息服务在"顶层设计"方面的思考较为欠缺，且对应的服务体系尚不够完善，对应的平台应用、制度建设均存在一定的滞后性，这就使得农业物联网存在服务封闭问题，对应的信息传播链条建设也不够完善，无法实现全面覆盖农业各个领域的目标。

(二) 网络视频技术在农业物联网中的应用价值

科学技术与信息化技术的不断发展，无线传感技术开始广泛应用于果园生产管理、大田农业、设施农业等领域，包括农产品质量监管、畜禽养殖监测排放、淡水养殖监测水质、农机调度、农业自动化灌溉、病虫害监测等，并获得了理想的应用效果。与此同时，近年来物联网、大数据技术的不断发展，使得农业物联网技术得以快速发展，其已经基本涵盖了农产品质量监管、农业生产管理、农业环境监管、农业资源应用等诸多方面，农业产品生产与流动、农业资源管理与环境监管等方面的信息资料已经实现高度共享的目标，为农业生产精细化管理奠定了扎实的基础。在看到我国农业物联网发展成就的同时，也需要正视当前农业物联网发展存在的局限性，对于规模化应用、精细化管理方面，农业物联网还面临可视化技术方面的困境。众所周知，"可视化"作为农业物联网精细化管理中不可或缺的一部分，网络视频技术的应用能够促进农业生产实现数字化、全面感知的目标，同时能够促进农业生产开展集中管理工作，从而有效避免传统农业靠天吃饭的困境。此外，基于网络视频技术的应用，同时融入类似于人工智能的"互动化"技术，能够针对农业生产方面的成本进行有效的控制，对减少农产品市场波动影响、提升农产品市场流通效率的意义重大。

(三) 网络视频技术在农业物联网的应用措施与建议

1. 系统架构设计

系统架构设计是有效保障网络视频技术应用的基础。基于农业物联网发展现状来看，相应的系统架构设计主要包含以下内容：对于软件系统的设计，可以选择JAVA的开发语言及对应框架，同时分别针对私有云、公有云、混合云这几种模式实施针对性的部署；分布式处理需要使用10 000个以上的传感器并发连接，每间隔1秒进行一个业务处理；对于数据传输及访问，选择Socket协议数据传输和Http协议数据访问；对于安全服务，选择接口令牌Token安全审计，并负责对应的校验工作；对于系统安全性，针对物联网系统中的核心数据，选择 MDS 进行加密处理；自定义农业物联网网络视频监控的运算规则及控制设备；利用传感器、视频设备传输地区历史数据、实时数据。基于上述系统架构的设计应用，设计农业物联网集中管理、分散控制的整体架构，保障系统本身具有极强灵活性的同时，又具有良好的扩展性，且可以进行横向层面的拓展与纵向层面的拓展，横向能够拓展到每个视频监控节点，在农业物联网覆盖范围内进一步了解有关信息资料，搜集更多的农业环境信息资料、生产资料等，纵向能够针对农业物联网产业链进行自上而下的连接，保障每个环节均拥有对应的技术作为支持，切实满足各个层次用户在农业物联网业务方面的使用需求。

2. 通信线路设计

对于农业物联网系统部署及实际应用来说，无论选择哪一种网络视频技术，传输信道选择是技术的关键内容。通常情况下，网络视频系统存在问题，大多数情况都是因为信道故障所引发，如果选择单条 E1 信道模式，专线专用尽管能够节约线路建设方面的成本，同时能够在一定程度上保障传输质量、带宽，然而其作为农业物联网视频通信使用的服务器，单条 E1 信道一旦发生故障，则会导致整个系统的服务受到影响。基于上述问题，本研究通信线路设计选择多条 E1 信道模式，选择多条 E1 线路互相作为备份，减少故障影响的同时，进一步保障网络视频传输的稳定性。具体来说，接入线路选择 6MMSTP 线路、现场所用传感器选择 Zigbee 无线网络，并接入 IP 网络，客户端在选择 XDSL 拨号网络进行 PC 客户端的语音接入及视频介入，能够将现有的 IP 网络资源充分利用起来，保障农业物联网通信线路建设的便捷性、经济性。

3. 硬件部署及实施

根据五点测试法，在大棚外面进行温湿传感器的安装，同时在大棚内部安装无线网管、网络摄像头、温湿度传感器、光照传感器。使用者能够在服务器上进行摄像头的操作，选择自身需要的内容进行观测，掌握农业生产动态。网络摄像头选择红外成像的摄像机，夜晚同样能够清晰观察有关数据。除此之外，服务器还能够同步显示农业生产所在地温度、日照量、大棚内外温湿度，同时根据监控数据，绘制有关数据的变化曲线。系统还能够进行各项阈值的设计，提供多种模式的报警提示方式，包括网络提示、邮箱提示、手机短信等。除此之外，为进一步保障农业物联网远程监控满足农业生产实际使用场景的需求，可以在数据库当中导入专家知识库，为农民群体提供更为专业的服务。

4. 动态监测设计

网络视频技术在农业物联网中的应用，动态监测是不可或缺的重要内容。

基于本研究提出的农业物联网远程控制情况来看，动态监测的内容主要涉及以下内容：大气信息监测、土壤环境监测、大田墒情监测、水体环境监测，同时针对有关监测的数据设计科学的阈值、区间，一旦超过阈值能够及时预警，同时根据设置进行自动处理。各个网络视频采集点所整理的有关数据能够进行自动处理，同时以柱状图、表格以及曲线图的格式进行储存，使用者能够根据自身需求，通过移动终端进行远程观看，同时根据实际要求进行数据的调整。

5. 实时视频直播监控

对于农业物联网网络视频技术的应用，用户利用移动 App、WEB 端实时观看视频直播，或是追溯对应的历史视频，其能够支持高速球机 360°云台控制和多倍变焦伸缩。用户能够实时观看各个种植区农作物生长情况，及时掌握各个类型生物处在自然情况下的动态发展情况，也可以了解生产工作、安全情况等。工作台实时视频监控查看包括多路实时/历史查看、App 实时监控查看、传感器联动摄像头控制（当传感器实时状态触发预设的规则策略，即自动控制摄像头发出预警并启动录像功能，实现智能联动控制）等。

6. 农业生产可视化咨询服务

利用农业物联网系统，当用户登录对应的客户端之后，通过选择对应的模块，即能够开展农业生产可视化远程咨询服务。其主要功能涉及自主信息服务、自主诊断服务、专家远程服务等。用户能够根据自身所关心的内容开展自助式的信息咨询，查询结果中纳入对应的专家数据库，并将对应的数据提供有关农业生产的具体图片、视频、实例讲解，帮助用户了解自身需要的知识内容。倘若用户需要专家远程服务，则能够利用农业物联网与专家进行面对面交流，专家可以利用网络视频了解农业生产中面临的问题，并根据问题进行分析，提供对应的服务，通过可视化的咨询服务，开展向导式的远程服务。

综上所述，网络视频技术无疑能够有效弥补农业物联网当前面临的"可视化"困境，使得农业物联网能够进行及时、动态的监控，进一步保障农业物联网的有效应用。这就需要研究者加大网络视频技术研发力度，充分结合农业物联网发展动态，综合利用大数据、物联网、云计算等新兴的信息技术，将网络视频技术融入农业物联网的各个环节中来，基于智能化网络视频远程监控，推动农业物联网可视化、动态化、智能化的方向发展。

二、网络共享下农业科技视频制作技术

（一）农业科技视频拍摄前的准备工作

在农业视频的拍摄前，需要进行大量的准备工作，明确好对应的选题，并

把最新的、最实用的农业科技信息纳入进来;视频拍摄者需要提前考察好拍摄场地的光线等工作。

1. 挑选合适的选题

科学的挑选选题,就需要正确地选择和广大农民群众利益相符的内容,符合农业、农村与农民的现实生产需要;选题一定要保证能够进行科学实验对比,具有真实性与合理性,现实的效果更加具有说服力。并且,科学视频的选题还需要拥有时效性,可以展现出农业科技的最新发展方向,从而为农业生产提供实用技能、最新政策、最新科技等指导。

2. 拍摄场地的挑选

在进行录制的过程中,由于需要思考声音的收录以及视频画面的色温与曝光的统一性等,就需要挑选安装有窗帘,较为安静的房间,把日光灯当作光源,使得在录制能够确保光线充足。对于没有窗帘的房间,就需要在窗边附近进行录制,并且要把所有灯光照明,合理地挑选仪器白平衡;在户外进行录制的过程中,需要把自然光当作光源,并挑选无风晴朗的气候进行录制,从而确保拍摄不会出现阴影与遮挡物等。

3. 拍摄人员的准备

拍摄人员要能够针对不同的环境,使用对应的拍摄方法,并能够合理地从不同的视频视角展开镜头和场面的切分,并提前分析拍摄区域的现场光线、环境状况等。按照拍摄场地的光线状况科学地安装灯光设备与机位,并重视拍摄过程中的补光,确保展示的效果。

(二) 农业科技视频的拍摄与制作

拍摄的要点一般有视频的清晰度、稳定性等,需要重视挑选科学的场景进行拍摄,如果拍摄的是人物,则需要多使用近景与中景,并适当予以特写,从而确保画面更具有表现力,内容更加清楚。

1. 注重画面的清、准、匀、平、稳

清:农业科技视频在拍摄中要做到精确聚焦,聚焦要实,这样才能够让形象更加清晰。

准:则是需要在拍摄的过程中,确保画面的定位准确。在摇动、拉远、推近镜头的过程中,构图要合理。为了确保拍摄色彩的准确,还需要先对摄像机予以白平衡及色温的调整。

匀:在拍摄持续的镜头时,要保持运动速度的平稳,保持拍摄过程的连续。

平:在农业科技视频的拍摄过程中,必须确保地平线的平,在拍摄时,要保证视频中的画面线条竖直横平，不会出现一点歪斜。

稳：农业科技视频在拍摄的过程中必须保持画面的稳定，摄像的设备不允许出现摇晃，在使用高清摄像机进行画面的拍摄过程中，因为高清画面的清晰度对画面的抖动、晃动等更为敏感，所以在录制的过程中需要使用稳固三脚架把摄像机予以固定；若需要使用手持摄像时，就需要拍摄者屏住呼吸，并通过身体附近的物体稳定身体。除此之外，拍摄中尽量不要使用长焦镜头，而需要使用广角镜头。

2. 构图

在构图的过程中，最好是使用九宫格的方法，首先确定陪体与主体，把关键的展现内容安放在九宫格附近，同时在另外两个连接点中放置陪体，这样的构图使得陪体与主体之间相互呼应，构图也更加合理。除此之外，也能够使用中心构图的方法，这样也更加对称、稳定。

3. 白平衡

通过改变白平衡，能够让视频的色彩与画面更加精准，没有色彩偏差。白平衡最好是使用手动的方式进行调节，在调节的过程中，首先要使用原浆纸，工作者把纸放置于录制区域，在灯光的照射下，摄像机所有的画面都投射在白纸上，能够超过整个画面的1/4，把摄像机的焦点对准到纸张的外延，分析拍摄仪器的白平衡，就可以拿到对应环境中的白平衡信息。

4. 光线

在拍摄中能够通过新闻灯、携带反光板、使用顺光拍摄的方式对拍摄主体进行补光，为了预防某些区域的过度曝光，最好是使用散射光进行拍摄，如果是较为单一的光源，自动光圈就能够派上用场，若光线变化较为明显，就可以通过手动操作的方法予以合理的调节。

5. 拍摄方向与拍摄景别的使用

在现实的拍摄过程中，视频开始需要保持8~10秒的全景，通过全景展现出环境信息，从而达到带入引导的效果。同时，在录制的过程中要大量使用中景，因此中景更加满足人们的观看需求，学者、专家在进行讲解的过程中，最好是使用中景，通过中景来展现出对应的农业实践效果与操作；除此之外，还能够通过对局部区域的方法描写，展现出农业操作的内容，这种方式能够提升画面的表现力，确保观看者能够清楚地看到相关内容，从而给人留下深刻的记忆。拍摄者能够制定出对应的拍摄计划，通过由浅入深，表现出整体效果，但需要注意的是，拍摄的镜头需要满足后期制作与教学的要求。

挑选正确的拍摄角度：一般要使用，平视角度与正面角度展开拍摄，这样拍摄出的画面才能够更加亲切、稳定、客观；学者、专家在展开相关操作的过程中，能够通过后斜面拍摄的方式，使用主观镜头，和学者、专家保持相同的视角，进而把观看者引入农业操作中。通过拍摄，最能够展现出拍摄者的经验与水平，怎样才能够科学地使用镜头，达到最佳的拍摄效果，需要拍摄者在长期的实践与学习中逐步积累与摸索。

6. 视频文件的制作与网络共享

为了让视频的内容更加科学合理，制作者能够邀请对应领域的专家制作相关的视频，利用电脑软件，对拍摄的内容进行预览，确保内容万无一失后就能够进行渲染输出。视频的格式需要确保观看者能够观看，输出为 MP4 格式最佳。同时，需要把比特率掌控在约 1MB，从而确保在高清的视频画质下，能够利用网络进行在线视频观看。

综上所述，随着互联网的飞速发展，在传播农业新时讯、新政策、新技术的过程中，农业科技视频正成为一种关键的方式，它的优势远远超过了一般的媒介，并展现出了蓬勃的活力。因此，这需要农业科技视频的制作者增强自身的制作与拍摄技术，逐步学习新的方式，进而构成质量较高的农业信息网络共享资源，增强农业科技信息化能力。

参考文献

郭建璞,2021. 数字视频编辑 [M]. 北京：中国铁道出版社.

乐元果,2021. 基于IP网络的数字视频信息传输技术 [J]. 电子技术与软件工程 (7)：27-28.

李春华,2022. 多媒体网络下数字视频关键帧提取方法 [J]. 中国传媒科技 (10)：88-90.

李留格,2023. 数字视频设计与制作技术 [M]. 北京：化学工业出版社.

李潞旸,2022. 多媒体技术在数字视频剪辑中的应用分析 [J]. 卫星电视与宽带多媒体 (13)：156-157.

李小松,2021. 数字视频特技在影视节目制作中的应用 [J]. 电视技术 (12)：24-26.

刘倩,2023. 虚拟现实技术在数字视频中的合理应用 [J]. 电视技术 (7)：218-220.

刘艺,吴梦霞,2021. 基带传输中的数字视频信号 [J]. 电视技术 (9)：24-26.

刘颖,李娜,2023. 数字图像视频处理及应用 [M]. 北京：科学出版社.

卢官明,秦雷,卢峻禾,2021. 数字视频技术 [M]. 北京：机械工业出版社.

卢玉芳,2022. 广播电视数字视频制作技术要点与应用方法分析 [J]. 传播力研究 (28)：142-144.

亓怀亮,2021. 短视频创作与传播 [M]. 成都：西南交通大学出版社.

司建楠,2021. 数字视频中虚拟现实技术应用及其审美意义 [J]. 文化产业 (36)：25-27.

宋云娟,2023. 数字音频与视频技术 [M]. 北京：清华大学出版社.

唐渝,张帆,2023. 数字视频和网络融合对视听质量的影响 [J]. 电视技术 (7)：138-140.

田连昱,2023. 数字视频特技在影视节目制作中的应用研究 [J]. 科技风

（5）：58-60.

王青，2022. 数字视频监控系统存储计算及存储方式［J］. 智能建筑电气技术（4）：121-123.

王正友，2022. 数字传媒设计与制作［M］. 重庆：重庆大学出版社.

王治，2022. 非线性编辑系统中的数字视频压缩技术研究［J］. 无线互联科技（17）：122-124.

夏樱芝，2023. 多媒体技术在数字视频剪辑中的应用［J］. 卫星电视与宽带多媒体（12）：58-60.

熊少巍，2023. 数字媒体艺术视域下数字视频设计途径探究［J］. 鞋类工艺与设计（14）：51-53.

闫寒梅，2022. 视频图像处理与检验技术［M］. 太原：山西教育出版社.

于立洋，2021. 数字图像及视频篡改检测技术［M］. 北京：清华大学出版社.

张本万，2023. 数字视频特技在影视节目制作中的运用［J］. 电视技术（3）：59-61.

张洪坤，2021. 公安系统中数字视频监控系统的设计与应用分析［J］. 数字技术与应用（3）：62-64.

张健，2021. 短视频类型创作导论［M］. 苏州：苏州大学出版社.

张秋闻，黄立勋，赵进超，2022. 现代视频信号处理技术［M］. 北京：北京航空航天大学出版社.

张晓梅，杨彦栋，2022. 数字非线性编辑技术［M］. 北京：北京理工大学出版社.

张余，2021. 广播电视数字视频制作技术的思考［J］. 卫星电视与宽带多媒体（9）：113-114.

张政昊，郭至瑄，2023. 影视后期制作中数字视频技术 AE 软件的应用［J］. 摄影与摄像（5）：112-115.

赵郭斌，2022. 数字视频监控系统的智能化实现［J］. 通信电源技术（23）：240-242.

赵萌萌，2021. 计算机数字视频与音频处理技术研究［J］. 现代信息科技（20）：87-90，94.

邹莉莉，2022. 非线性编辑系统中的数字视频压缩技术探讨［J］. 电视技术（4）：214-216.